BIBLIOTHÈQUE DES ACTUALITÉS INDUSTRIELLES. — N° 95

Georges FRANCHE
INGÉNIEUR-MÉCANICIEN
A. & M. — E. C. P.

Manuel de L'Ouvrier Mécanicien

DEUXIÈME PARTIE

Outils et Machines-Outils

PARIS
Librairie Bernard TIGNOL
PUBLICATIONS DE LA
LIBRAIRIE de l'ÉCOLE CENTRALE des ARTS et MANUFACTURES
53 bis, quai des Grands-Augustins

MANUEL

DE

L'OUVRIER MÉCANICIEN

II

OUTILS ET MACHINES-OUTILS

Librairie Bernard TIGNOL, 53 bis, quai des Grands-Augustins. — Paris.

MANUEL

DE

L'OUVRIER MÉCANICIEN

PAR

GEORGES FRANCHE

Ingénieur-mécanicien. — Arts et métiers. — École Centrale des arts et manufactures.
Agent technique de l'Office National de la Propriété industrielle.

8 VOLUMES IN-16, CARTONNÉS, DOS TOILE
PRIX : 15 FRANCS

ON VEND SÉPARÉMENT

1re Partie. — Principes de Mécanique générale. — 120 pages, figures 1 à 95 . . . . 2 fr.

2e Partie. — Outils et Machines-outils. — 144 pages, figures 96 à 174 . . . . 2 fr.

3e Partie. — Forge et Fonderie. — Figures 175 à 317. 2 fr.

4e Partie. — Engrenages et Transmissions . . . 2 fr.

5e Partie. — Boulons, Rivets, Chaudronnerie . . 2 fr.

6e Partie. — Machines à vapeur . . . . 2 fr.

7e Partie. — Moteurs à gaz . . . . 2 fr.

8e Partie. — Hydraulique . . . . 2 fr.

ÉMILE COLIN, IMPRIMERIE DE LAGNY (S.-ET-M.)

BIBLIOTHÈQUE DES ACTUALITÉS INDUSTRIELLES N° 95.

MANUEL
DE
L'OUVRIER MÉCANICIEN

DEUXIÈME PARTIE

OUTILS ET MACHINES-OUTILS

PAR

Georges FRANCHE
(A. et M.) Ingénieur-Mécanicien. (E. C. P.)
Agent technique de l'Office national
de la Propriété Industrielle.

FIGURES 96 A 174

PARIS
LIBRAIRIE BERNARD TIGNOL
PUBLICATIONS DE LA
Librairie de l'École Centrale des Arts et Manufactures
53 *bis*, QUAI DES GRANDS-AUGUSTINS, 53 *bis*

OUTILS

ET

MACHINES-OUTILS

PREMIÈRE PARTIE

TRAVAIL DU BOIS

CHAPITRE PREMIER

GÉNÉRALITÉS

Lorsque l'on examine la section d'un tronc d'arbre, on peut remarquer qu'elle est formée de couches, plus ou moins serrées, ayant assez sensiblement la forme de cette section.

Au centre est une zône appelée *moelle* de l'arbre (fig. 96); c'est là que la sève circule en montant vers la cime; elle est très apparente dans les jeunes arbres.

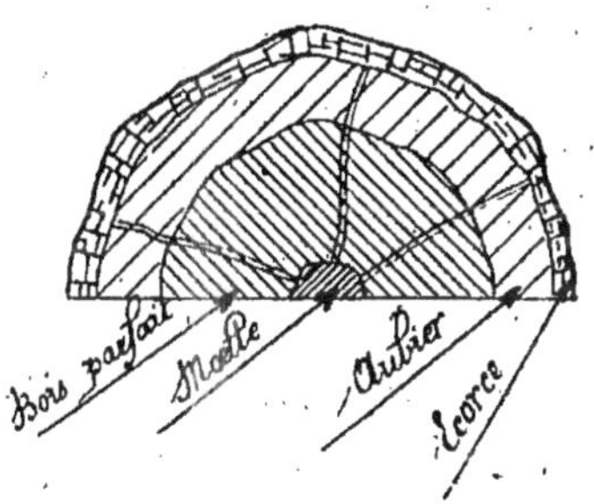

Fig. 96.

Autour de la moelle se trouve le *bois parfait*, qui est employé dans les constructions et dans un grand nombre de métiers.

Vient ensuite l'*aubier*, qui conserve toujours l'apparence

du bois jeune; enfin, formant la périphérie, on trouve l'*écorce*, par laquelle la sève circule en descendant vers les racines.

Tous les ans, il y a formation, par la sève, de deux couches minces : une du côté de l'écorce, et l'autre du côté de l'aubier; en même temps la pellicule d'aubier, qui est du côté du bon bois, se durcit et devient bois parfait. On peut donc se rendre compte de l'âge d'un arbre en comptant les couches concentriques de bois parfait.

Les *rayons médullaires*, qui sont horizontaux, établissent la communication de l'écorce avec la moelle.

Il y a, dans les arbres, correspondance entre les branches et les racines; ainsi, lorsqu'une racine meurt, une branche meurt également ; l'inverse se produit aussi.

Les branches sont formées d'un certain nombre des fibres du tronc qui s'en séparent et traversent l'écorce en un faisceau; de là l'apparence des *nœuds* à l'endroit où existaient des branches.

Quand on débite un arbre dans le sens de sa longueur, on dit qu'il est *débité en mailles*.

Division des bois. — On les classe en 5 grandes catégories :

1° *Bois durs* : Chêne, Noyer, Frêne, Orme, Hêtre, Châtaignier;

2° *Bois blancs* : Peuplier (3 sortes), Tremble, Aulne, Tilleul, Bouleau, Platane, Acacia, Erable, Charme;

3° *Bois fins* : Cormier, Poirier, Pommier, Alisier, Cerisier, Cornouiller, Buis ;

4° *Bois résineux* : Pin, Sapin, Mélèze, Pitchpin;

5° *Bois exotiques* : Gayac, Ebène, Campêche et autres.

Le **chêne** est utilisé par toutes les industries.

Le **frêne** est employé dans la confection des *manches d'outils* ainsi que dans la *carrosserie*.

L'**orme** sert, dans le charronnage, pour les *essieux* des roues de voitures.

Le **châtaignier** est souvent, au bout de quelques années de débit, confondu avec le chêne dont on ne le distingue alors que par l'absence presque complète de rayons médullaires ; en dehors de son utilisation en *bois de charpente*, on en fait des *pieux*, des *pilotis*, des *marches* et des *échalas* ou du *treillage*.

Le **noyer** est surtout réservé à l'*ébénisterie ;* il se coupe très-bien et son grain est fin ; dans les ateliers, on en fabrique certains *modèles* et, dans la *carrosserie*, on en confectionne des *panneaux* de voitures.

Le **hêtre** se conserve bien sous l'eau, mais on doit le repousser dans les constructions : il est sujet à se fendre et les vers l'attaquent de préférence ; on en fait usage pour le *tour* et, dans la *boissellerie*, pour les *mesures de capacité.*

Le **peuplier** s'emploie en planches dans la fabrication des *brouettes*, des *tombereaux*, des caisses d'*emballage ;* sous forme de *voliges* ou de *chevrons*, dans la couverture des maisons ; certaines espèces servent en *menuiserie*, ainsi qu'à la confection des *sabots*.

Le **tremble** est un bois blanc, analogue au précédent et qui a les mêmes usages.

L'**aulne**, qui croît rapidement dans l'eau, résiste bien à l'humidité ; on en faisait autrefois des corps de *pompe*, des *conduites d'eau*, des *pilotis* et des *grillages* ; il se coupe bien et s'utilise pour les *modèles*, les *sabots* et les *pilotis*.

Avec l'écorce du **bouleau**, on fabriquait autrefois le *papier ;* les branches servent pour les *balais* et pour les fours de *boulangers* car il laisse peu de résidus à la combustion. Il remplace quelquefois le peuplier et le tilleul pour les *modèles*.

Le **tilleul** se travaille facilement à l'outil et ne se fend pas ; on en fabrique des *modèles*.

Le **platane** ressemble au hêtre et se conserve bien sous l'eau ; mais il se pique des vers.

L'**acacia** est un bois très raide, susceptible d'un beau poli, mais il se casse et se fend facilement ; il sert à faire les *rais des roues* de voitures.

Le **charme** se rétracte et se fend en séchant ; on l'emploie en *charronnage* pour les *vis*, les *coins*.

L'**érable** est le meilleur et le plus recherché des bois blancs ; l'*ébénisterie* en consomme des quantités considérables et préfère celui qui a de petits nœuds.

Le **cormier** se coupe facilement à l'outil et prend un beau poli ; on en fait des *fûts d'outils*, des *vis de pression*, des *cames*, des *dents d'engrenages*, des *glissières ;* il donne un bon frottement.

Le **poirier** se fend assez difficilement ; toutefois il se pourrit en séchant et doit, par conséquent, être ouvré bien sec ; il a les mêmes applications que le précédent.

Le **pommier** est moins dur que le poirier, et ses qualités sont également moins avantageuses.

L'**alizier**, moins dur que le cormier, a les mêmes usages.

La couleur du **cerisier** diminue avec le temps ; cependant on peut le revivifier par des procédés chimiques ; il sert dans l'*ébénisterie* en raison de ce qu'il se travaille bien et se polit parfaitement.

Avec le **cornouiller**, on fabrique des *manches d'outils* et des *bâtons d'échelle*.

Le **buis** est un bois serré et compact, qui se coupe bien dans tous les sens et donne un bon frottement avec les pièces métalliques ; il s'emploie principalement dans la *gravure* sur bois.

Les **essences résineuses** offrent de longs échantillons, bien droits, pour les *charpentes ;* le cône et les couches annuelles y sont très réguliers ; quand on en a retiré la résine, on dit qu'on a saigné les bois ; il faut les employer avant que cette opération ait eu lieu.

Le **sapin** sert aussi à la fabrication des *instruments de musique*.

Le **gayac** est le plus lourd de tous les bois ; il s'emploie pour les *pièces frottantes*.

L'**ébène** est d'un prix élevé ; il est réservé à l'*ébénisterie* qui, par divers procédés et pour cette raison de prix, n'en livre la plupart du temps que des imitations.

Bois industriels. — Les bois se rencontrent sous 4 formes différentes :

1° *Bois en grume*, que l'on vend avec leur écorce ;

2° *Bois équarris* ou *de charpente*, dépourvus de leur écorce et de la plus grande partie de leur aubier ; leurs angles se terminent plus ou moins en arêtes vives et présentent, ainsi, plus ou moins de *flâche ;*

3° *Bois de sciage*, obtenus à la scie après équarrissage et de section nettement rectangulaire ;

4° *Bois de fente*, équarris à la hache ; on obtient ainsi le cœur et les lattes d'aubier, les cercles et les douves de tonneaux.

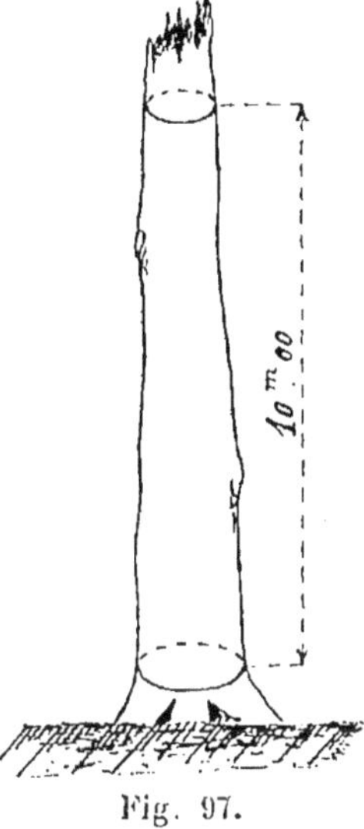

Fig. 97.

Les bois en grume s'achètent selon diverses règles consacrées par l'usage ; la première méthode est celle au *quart de circonférence* : on prend (fig. 97), avec une corde, le développement extérieur de la circonférence :

1° à 1 mètre du pied environ, 2° à une hauteur de 10 mètres au-dessus ; on fait la moyenne de ces deux longueurs que, par exemple, nous supposerons être, respectivement :

2 m. 52 et 1 m. 32; cette moyenne est, ici, 1 m. 92.

On prend $\frac{1}{4}$ de cette moyenne, soit 0 m. 48, que l'on considère comme représentant le côté du carré équivalent à la section de l'arbre.

Le cube sur pied sera, par conséquent :

$$0,48 \times 0,48 \times 10,00 = 2 \text{ m}^3\ 304.$$

La 2e méthode est celle au *cinquième déduit :* comme précédemment, on détermine la circonférence moyenne (1 m. 92) dont on retranche $\frac{1}{5} = 0,384$; il reste 1 m. 536.

On en prend le quart, soit 0,384, que l'on adopte comme côté du carré de la section :

$$0,384 \times 0,384 \times 10,00 = 1 \text{ m}^3\ 475.$$

On mesure au centimètre près.

La 3e méthode est la plus employée ; c'est celle au *sixième déduit;* les calculs sont dentiques :

$$\frac{1,92}{6} = 0 \text{ m. } 32,$$

$$1,92 - 0,32 = 1 \text{ m. } 60,$$

$$\frac{1,60}{4} = 0 \text{ m. } 40,$$

$$0,40 \times 0,40 \times 10,00 = 1 \text{ m}^3\ 600.$$

Les dimensions les plus usitées pour les bois de sciage sont désignées ci-après en mètres :

DÉSIGNATION	Épaisseur.	Largeur.	Longueur.
			Mètres.
Battants de porte . .	0,108	0,330	3,00 et au-dessus.
Membrures	0,081	0,160	2,00 à 4,00
Chevrons	0,081	0,081	2,00 à 3,00
Doublettes	0,050	0,330	2,00 à 4,00
Echantillons. , . .	0,035	0,240	d°
Entrevous.	0,027	0,240	d°
Feuillet.	0,022	0,240	d°
— , ...	0,013	0,240	d°

Pour les bois équarris, on a l'habitude de ne compter l'équarrissage que de 3 en 3 centimètres; par exemple on ne paiera que pour 0 m. 39, une dimension réelle de 0, 405 ; de même aussi la longueur ne s'évalue que de 0 m. 25 en 0 m. 25 ; 9 m. 22 seront estimés pour 9 mètres.

Le sapin se trouve en :

	Épaisseur.	Largeur	Longueur.
			Mètres.
Planches	0,027	0,31 à 0,32	3,63 à 3,87
	0,030	0.31	d°
Madriers	0,054	0,31 à 0,32	d°
Poutres	0,30	0,40	Variant de 33 en 33cm
	0,24	0,30	d°
Poutrelles.	0,14	0,20	d°
Madriers	0,08	0.24	d°

Débitage des bois. — Pour que le bois travaille, dans la suite, le moins possible, on a observé qu'il fallait que le débitage se rapproche des rayons médullaires. Le bois débité selon le rayon (fig. 98) reste parfaitement plan ; tandis qu'en le taillant par des plans parallèles, la dessiccation des deux faces n'a pas lieu d'une façon identique et la pièce se bombe du côté du cœur de l'arbre ; on dit que les planches *tirent à cœur*.

C'est ainsi que les deux planches du centre resteront planes ; dans celles d'équerre à celles-ci, les plus longues se rapprochent beaucoup des rayons médullaires ; on peut encore les débiter selon le tracé où elles sont successivement perpendiculaires l'une à l'autre.

Les dimensions les plus usuelles du sapin de construction correspondent à diverses dénominations dont le tracé ci-dessous indique le débitage pratique (fig. 98 *bis*).

Défauts des bois. — L'aubier n'est pas un défaut pour l'arbre ; mais il faut cependant l'enlever complètement dans les emplois industriels, à cause des vers qui s'y logent de préférence.

Le *double aubier* (fig. 99), est une portion de couronne d'aubier qui se trouve à l'intérieur du bois parfait et qui ne s'est pas transformée, pour une raison ou pour une autre ; il faut toujours l'enlever.

Les *nœuds* sont le résultat de la pousse des branches ; ils ne constituent un défaut que dans certains cas, car ils peuvent provenir de branches coupées au moment de l'abatage ; on doit rejeter ceux qui sont issus de branches mortes ; lorsque l'endroit en est pourri, ce sera le siège de l'attaque des vers.

La *roulure* prend naissance dans le cas où une portion d'écorce tombe et que, la couche d'aubier n'adhérant pas bien à cette même place, il y reste un vide ; elle est le résultat de l'action du vent, du givre ou de la gelée.

Les *gélivures* sont des fentes partant du centre et allant vers la circonférence ; dans les grands hivers, la sève peut être gelée et, dès lors, certaines fibres s'écartent suivant un rayon.

Les *gerces* sont, au contraire, des fentes allant de la

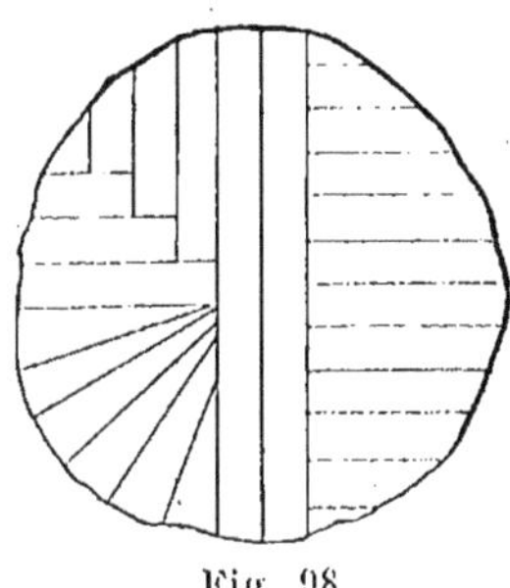
Fig. 98

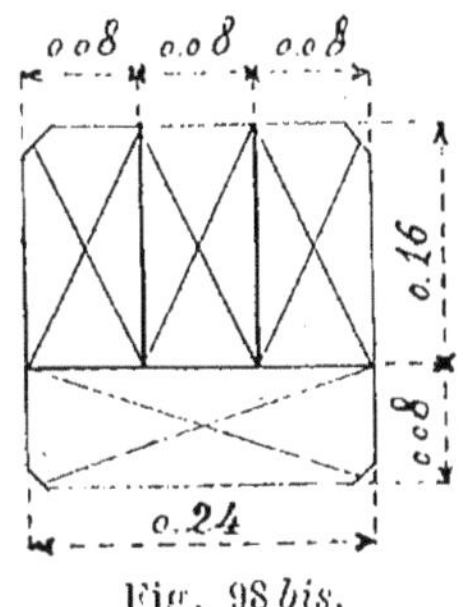

Fig. 98 *bis*.

circonférence au centre ; elles proviennent d'une dessiccation trop prompte et elles sont fréquentes dans les bois durs ; il y a lieu de s'en méfier car elles se poursuivent généralement plus loin que l'on croit ; on les évite en débitant le bois sitôt abattu.

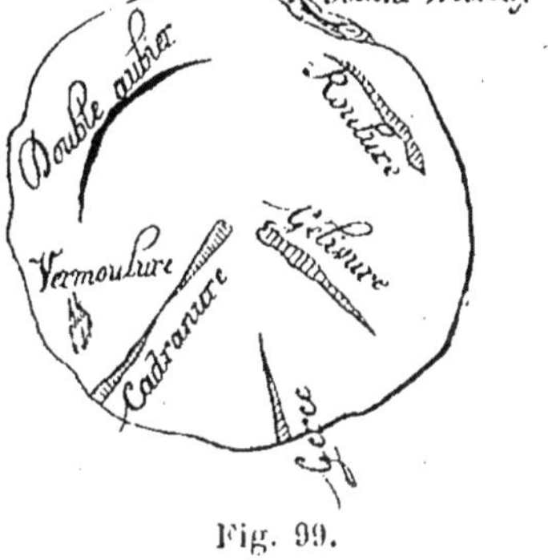

Fig. 99.

La *cadranure* est un très grave défaut réunissant les deux cas précédents.

Le *bois tors* résulte de l'action du vent sur le jeune arbre qui a été tordu en hélice ou suivant certains sens ; les pièces offrent alors moins de résistance.

La *vermoulure* est produite par le bois dont la sève a fermenté ; elle est particulièrement propice à l'attaque par les vers.

Les *ulcères* sont le résultat d'une fermentation de la sève, qui s'est déversée à travers l'écorce ; l'arbre suinte et il faut, presque toujours, le rejeter.

La *carie* est constituée par des excroissances végétales qui poussent sur l'écorce et qui pronostiquent l'attaque ultérieure par les vers ; elle se produit même parfois sur les pièces ouvrées.

CHAPITRE DEUXIÈME

TRAVAIL MANUEL OU A BRAS D'HOMME

Les professions, dans lesquelles on transforme à la main les bois du commerce, nécessitent toute une série d'outils très divers appropriés à ces industries et dont un long usage a consacré les formes judicieuses.

Il faut donc distinguer :

1° Les *outils simples*, qui sont mis en œuvre à la main;

2° Les *machines-outils*, ou engins avec lesquels on entame la matière sans le secours d'ouvrier, si ce n'est pour placer et enlever les pièces à façonner ou pour en surveiller la marche.

L'outillage d'un atelier (Planche I.) comprend généralement :

1° Des outils à *tracer*, tels que le cordeau, le fil à plomb (fig. 6), le compas, le trusquin (fig. 7), l'équerre simple, l'équerre à épaulement (fig. 9), les équerres à angle variable (fig. 8).

2° Des outils à *débiter* : la hache, l'herminette ou hache à tranchant perpendiculaire à la direction du manche, les scies de divers modèles (fig. 10, 11, 12), le ciseau (fig. 13);

3° Des outils à *assembler*, employés tant lors du traçage préalable que pour l'encollage, le rapprochement et le maintien des pièces à cheviller et pour divers autres usages analogues ; les serre-joints et les presses (fig. 21) consistent, la plupart du temps, en une crémaillère le long de laquelle se promène un étrier de forme convenable, avec une vis de butée à poignée : il est permis de ranger, parmi eux, l'établi classique, avec son étau et son varlet.

(Une description plus étendue de l'outillage précédent nous paraît superflue, d'autant plus qu'il serait alors nécessaire d'entrer dans des détails trop spéciaux à chaque corps de métier).

4° Des outils à *ouvrer :* le *rabot* (fig. 19) est à simple fer ou, de préférence, à double fer pour empêcher l'éclat du bois ; le *riflard* et la *varlope* (fig. 22) servent à dégrossir les pièces; le *bouvet* (fig. 20) s'emploie pour exécuter les rainures et languettes ; les outils à moulurer se font dans le même genre que ceux-ci et suivant tous profils.

Les outils qui nécessitent un choc plus ou moins violent, donné avec le marteau, le *maillet*, (fig. 14) ou la paume de la main, pour entamer la matière sont le *bédane* (fig. 15), le *ciseau* (fig. 16), la *gouge* (fig. 17), la *bisaiguë* (fig. 18), soit de différentes largeurs, soit de différents rayons ; ils peuvent être d'une seule pièce, à manche métallique ; mais la préférence va généralement à ceux avec manche en bois.

5° Des outils à *percer*, tels que les *vrilles* et *tarières* (Planche II, fig. 23, 24, 27, 28, 29, 30) de toutes grosseurs ; les *mèches à cuiller* ou à tranchant courbe (fig. 25) ; la *mèche anglaise* (fig. 26) à trois pointes, dont deux dans le même plan et une d'équerre ; celle du milieu guide le mouvement, empêchant la déviation ; la deuxième entame le bois verticalement, tandis que la troisième enlève un petit copeau.

Ces mèches s'emmanchent, par leur autre extrémité, dans un *vilebrequin* ordinaire (fig. 31) ou dans un vilebrequin à renvoi de mouvement par engrenages coniques (fig. 32).

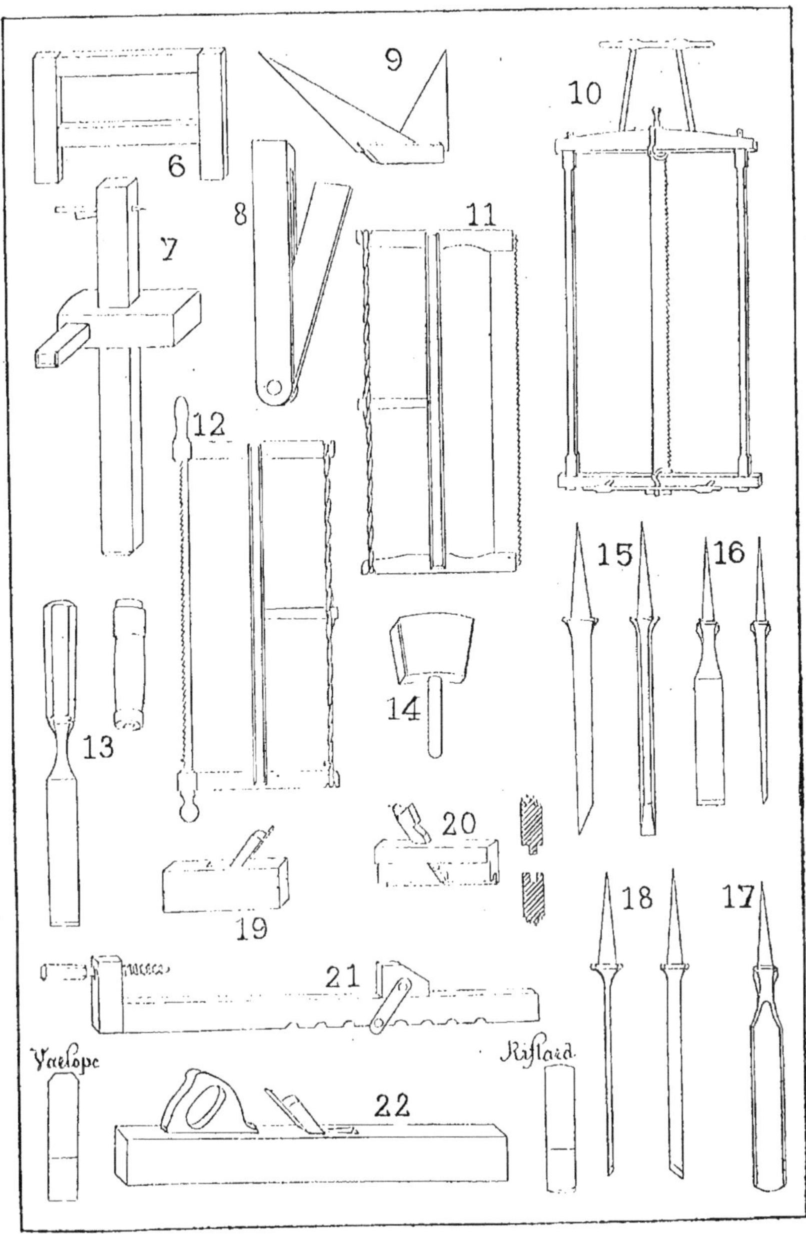

Planche I. (6 à 22).

6° Des outils à *tourner* au pied;

7° Des outils à *terminer* et à *polir*, tels que les *râpes*, les *limes*, les *grattoirs*, les *frottoirs*, avec ou sans adjonction de *papiers* de verre ou d'émeri de numéros appropriés au fini du travail.

Scies. — La scie est formée d'une lame en acier ayant des dents dans le sens de la longueur; chaque dent agit comme un bédane; la sciure détachée se loge entre deux dents voisines et se dégage facilement à chaque embardée.

La hauteur des dents est d'autant plus petite que le bois à travailler est plus dur; car il tombe alors une moindre quantité de sciure.

Les dents sont alternativement déviées vers la droite et vers la gauche, ce qui produit ce que l'on appelle la *voie ;* on obtient, de la sorte, un évidement plus large favorable à la diminution du frottement sur les faces verticales et, par suite, à l'effort qu'il faut développer. La *déviation* totale doit être un peu moindre que *2 fois l'épaisseur* de la lame; en outre, il faut qu'elle soit constante, ainsi, d'ailleurs, que la hauteur des dents.

Diverses circonstances influent sur la résistance que présentent les bois à l'action de la scie; l'essence du bois, son âge et son état de dessiccation, le sens du sciage par rapport aux fibres ainsi que la vitesse de la lame sont des facteurs importants de la forme à adopter pour le profil des dents.

Les lames à dents dans les 2 sens sont employées par les *scieurs de long* (fig. 33); on fait, dans ce cas, usage de la *denture isocèle* en faisant varier α de *30 à 60°*, suivant que le bois dont il s'agit est plus ou moins dur; dans les scies de menuiserie, $\alpha = 45°$; et, comme un seul sens travaille, l'angle d'épaulement β se détermine en considération de la force de la scie (planche II, fig. 34).

Lorque le bois a un certain équarrissage, on fait usage

de scies coupant en allant et en venant ; dans ce cas, l'intervalle entre 2 dents s'appelle le *pas* et il faut que cet intervalle puisse loger, théoriquement toute la sciure qui a, en volume, *5 ou 6 fois* celui du bois détaché.

Pour débiter des *bois blancs*, la lame a 2 millimètres

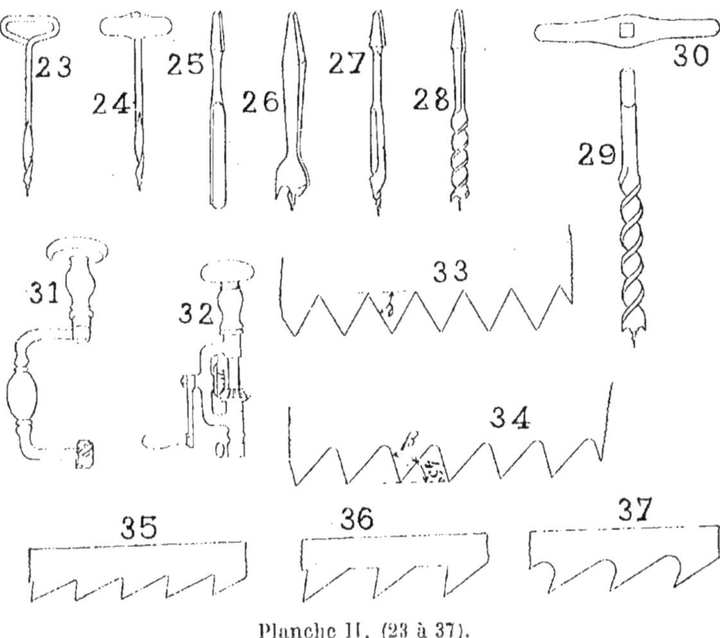

Planche II. (23 à 37).

d'épaisseur correspondant à une *voie de* 3mm,5 ; dans les *bois durs* on choisit 2mm,5 d'épaisseur avec cette même voie.

Il est indispensable que la scie soit tendue assez fortement, au moyen d'une corde, d'un coin ou d'un boulon de serrage. Parfois on emploie encore le passe-partout.

CHAPITRE TROISIÈME

MACHINES-OUTILS

L'outillage moderne pour le travail des bois peut se diviser ainsi qu'il suit :

Scies alternatives.
Scies à ruban.
Scies circulaires.
Machines à percer.
d° tourner.
d° raboter.
d° faire les moulures ou *toupies.*
d° mortaiser.
d° faire les tenons.
d° chantourner.

En plus des machines de cette classification, déjà étendue, il a été créé bien d'autres modèles répondant à la solution de problèmes mécaniques, sans doute très intéressants, mais qu'il n'y a pas lieu de décrire ici, car ces machines ne trouvent leur application que dans des cas tout à fait particuliers à chaque industrie. Nous citerons seulement : les machines à copier ou *à sculpter*, à confectionner les *bois de fusil* ou les *sabots*, à saboter les *traverses* ou à fabriquer les *tonneaux*, à faire la *paille de bois*, ou à fabriquer les *roues*, etc.

Scieries mécaniques.

Les scies à lame droite peuvent se poser sur des

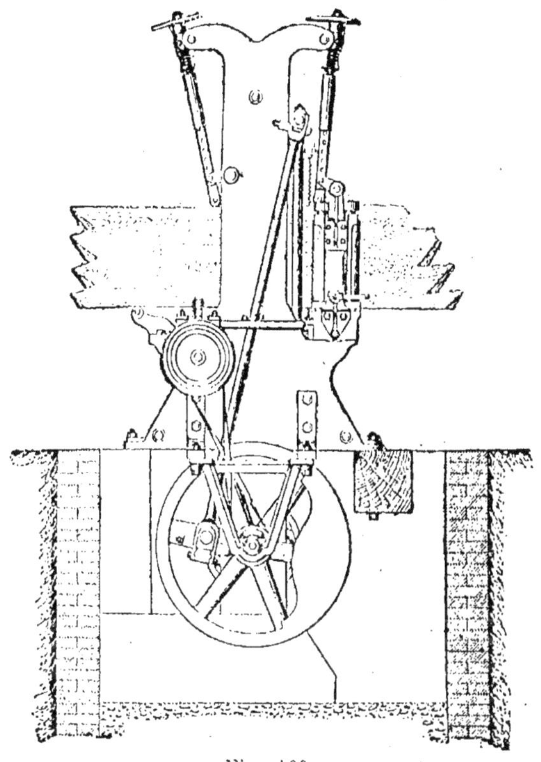

Fig. 100.

cadres verticaux ou sur des cadres horizontaux animés d'un mouvement alternatif, tandis que celles à mouvement continu sont les *scies à ruban* ou à *lame sans fin*, et les *scies circulaires*.

La taille des dents se fait selon trois profils indiqués page 15 (fig. 35, 36, 37).

Dans les **scies verticales** (fig. 100), on fixe les lames dans un cadre que l'on guide dans son mouvement ; le bois est placé sur des galets pouvant rouler sur un plan horizontal ou sur un chariot se déplaçant horizontalement ; on peut encore griffer le bois, par les extrémités, à des wagonnets guidés par des rails, ou l'entraîner soit par de fortes crémaillères, soit par des cylindres cannelés agissant énergiquement sur la pièce à débiter.

Le sciage a lieu de 2 façons : tantôt la pièce est immobile, ou bien elle avance contre la lame ; les scies, dans le premier cas, sont inclinées dans le rapport $\frac{a}{c}$ où :

$a =$ avancement du bois,
$c =$ course de la scie.

Le bois avance quand la scie descend en travaillant et l'on n'*incline* la lame que de 3 millimètres par mètre ; l'*avancement* adopté généralement, pour les *bois durs*, varie de 1 millimètre $\frac{1}{2}$ à 3 millimètres $\frac{1}{2}$ par coup ; pour le *bois blanc*, 5 millimètres et, pour le *sapin*, 5 millimètres $\frac{1}{2}$; enfin, lorsque les bois sont verts, on va jusqu'à 13 et 16 millimètres par coup.

La *vitesse* du châssis porte-lame dépend de son poids propre : avec un cadre léger, on peut prendre 2 m. 80 *par seconde*, et seulement 2 mètres à 2 m. 30 pour des cadres lourds.

La surface de débitage obtenue, par cheval-vapeur et par heure, oscille entre 3 m² pour les bois tendres et 2 m² 25 pour les bois durs.

Dans les **scies horizontales** (fig. 101), le châssis est

plus léger et ne comporte ordinairement qu'une seule lame ; la tension s'obtient, par exemple, au moyen d'un boulon.

Le cadre y possède une *vitesse* de 3 mètres *par seconde*, alors que l'*avancement* du bois est de 1 millimètre à 1 millimètre $\frac{1}{2}$ *par coup*.

On prend la précaution de dresser grossièrement, à la hache, la partie de l'arbre sur laquelle se fait l'appui et l'on

Fig. 101. — Scie horizontale.

doit prévoir, en outre, que les organes d'avancement soient susceptibles de fonctionner sans entraîner régulièrement le bois ; il est donc utile d'obtenir une pression ou une traction constantes, parant aux inégalités de la pièce à travailler.

Ces machines servent au débit des bois, en grume ou équarris, en plateaux, planches ou feuillets de précision ; la pièce de bois est fixée, au moyen de griffes, sur un fort chariot en fonte ; pendant le sciage, il se meut automatiquement sur des rails, à des vitesses variant suivant la dureté et la largeur du bois ; les lames sont à denture spéciale, permettant le sciage en allant et en venant, et l'entraînement du chariot se fait d'une façon continue ; le chariot possède, enfin, des mouvements rapides d'aller et de retour.

Comme le montre le dessin, la lame, placée horizontalement, peut monter et descendre selon les épaisseurs de plateaux, planches ou feuillets que l'on désire ; on peut ainsi faire autant de traits parallèles que l'on veut sans dégriffer la pièce de bois.

Ces déplacements de la scie en hauteur se font automatiquement, au moyen de courroies, poulies et engrenages ; mais on peut aussi monter et descendre la lame à la main, à l'aide d'un volant à boudin ; lorsqu'on n'a que de petites courses à faire, et surtout lorsqu'il s'agit de descendre, c'est toujours ce dernier moyen qu'on emploie.

Le châssis alternatif est en deux parties, l'une portant les coulisseaux et l'autre fixée sur la première, et sur laquelle la lame est tendue ; de cette façon, on évite de démonter la lame pour l'affûter ; c'est le châssis porte-lame tout entier que l'on élève, ce qui est plus commode et plus tôt fait ; il est bon, si l'on veut que la machine s'arrête le moins possible, d'avoir deux de ces châssis porte-lame ; on affûte alors une scie pendant que l'autre travaille.

Les griffes ne doivent nullement gêner le débitage de l'arbre de bout en bout et il faut pouvoir *arrêter instantanément l'amenage automatique*, soit au moyen de poulies folles, soit au moyen de tendeurs gradués.

Pour certains travaux de précision, on construit des scies verticales alternatives à une seule lame sur le côté ; l'avancement est alors continu ; la lame scie en montant et en descendant, de façon à augmenter notablement la production. Le chariot, sur lequel on fixe l'arbre ou la pièce, peut aussi être combiné pour recevoir deux mouvements à angle droit, ce qui permet de ne pas dégriffer la pièce.

Les scies horizontales alternatives existant pour le débit des bois en grume ou équarris sont à commande et à bielle sur le côté du cadre, qui peut ainsi se déplacer en hauteur selon les épaisseurs à obtenir et sans dégriffer la pièce; on assujettit celle-ci sur un chariot se mouvant latéralement d'une façon continue.

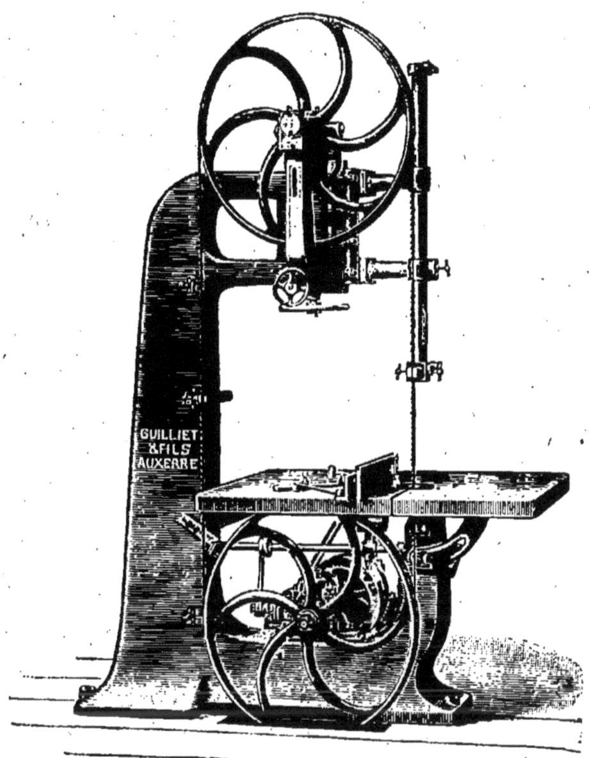

Fig. 102. — Scie à table inclinable.

Il est bon, dans ces divers types, d'assurer un *retour rapide du chariot* à vide; l'emploi de dentures spéciales a permis de faire travailler la machine en allant et en venant au lieu de ne scier que pendant une course du châssis alternatif; non-seulement on produit beaucoup plus, mais on évite ainsi la vibration occasionnée, dans tout l'appareil, par le mouvement saccadé du bois.

Scies à lames sans fin. — Elle sont constituées, en principe, par une lame continue placée sur 2 poulies en fonte garnies de cuir ou de caoutchouc.

On donne aux lames une très grande *vitesse : 16 mètres par seconde* ; il faut maintenir la lame, à l'entrée et à la sortie du bois, au moyen de *guides en bois dur* ayant une fente de l'épaisseur de la lame.

Il est nécessaire de donner une très grande tension longitudinale à la lame, de façon à assurer un sciage absolument rectiligne en tous sens ; cela ne va pas, quelquefois, sans un échauffement anormal des coussinets, auquel il faut remédier par une bonne construction et par un graissage automatique.

Il faut pouvoir parer à l'*allongement* de la lame ou à l'usure des coussinets avec des organes ad hoc, sans que l'ouvrier ait à apprécier à la main le degré de la tension du ruban et ne tente de la contrebalancer par tâtonnements.

Lorsque la scie n'est pas à table fixe (fig. 102), auquel cas il est bon de disposer des guides d'épaisseur, il est possible de procéder à l'avancement de la pièce par l'un des moyens indiqués pour les scies alternatives ; les vitesses en sont variables selon le degré de dureté et la largeur des bois.

La qualité principale d'une bonne scie à ruban, c'est de ménager les lames pour arriver à un minimum de ruptures ; c'est donc en vue de la conservation des lames qu'il faut choisir cette catégorie de machines.

Dans la figure 102, le volant supérieur n'est pas en porte-à-faux ; les coussinets y sont en bronze phosphoreux et à graissage automatique par bagues ; la tension de la lame est donnée par l'intermédiaire d'un ressort à boudin ; le réglage de l'inclinaison des volants est facile et l'ouvrier doit toujours ramener rapidement la lame bien à sa place.

Il faut combiner un bâti suffisamment solide et lourd pour éviter tout à fait les vibrations ; les volants sont entourés d'une bande de caoutchouc et une brosse enlève la sciure qui s'attache au caoutchouc du volant du bas.

Un frein, actionné par le levier de débrayage, arrête la machine rapidement lorsqu'on veut changer la lame. La poulie folle est plus petite que la poulie fixe pour détendre la courroie à l'arrêt ; le volant inférieur est complètement recouvert par la table, qui possède une garniture de bois au passage de la lame, cette dernière se remplaçant facilement.

Le guide du bois se déplace parallèlement ; il est muni d'une plaque oscillante que l'on règle pour que le trait se dirige bien parallèlement au parement.

L'affûtage à la main des scies à ruban (et aussi des scies circulaires) est assez difficile ; il faut pour cela des hommes spéciaux qu'il n'est pas toujours aisé de trouver ; on a donc songé à construire des machines exécutant ce travail mécaniquement ; comme dans l'affûtage à la main, c'est un tiers-point, animé d'un mouvement alternatif, qui fait le travail. De petits marteaux donnent la voie aussitôt après l'affutage et un débrayage automatique arrête la machine juste lorsque la dernière dent est passée.

L'affûtage peut, d'ailleurs, se faire également à l'aide d'une petite meule d'émeri.

Pour braser des lames de scies à ruban, on commence par couper les bouts correctement ; puis on les lime pour enlever les corps étrangers et la rouille qui empêcheraient la brasure de prendre.

La lame est ensuite apportée sur un support en fer en forme d'U à ailes supérieures horizontales très prolongées, ledit support étant fixé dans un étau ordinaire par le bas ; la lame est maintenue sur ce support par deux petites presses et de telle sorte que ses extrémités soient superposées avec un recouvrement de 10 à 15 millimètres de largeur; on fait, bien entendu, correspondre les dents et on s'assure que le dos de la lame est bien en ligne droite.

Pour que rien ne bouge, on attache encore les deux extrémités de la lame avec du fil de fer, puis on garnit les bords du recouvrement de fil de laiton ; enfin, on recouvre le fil de laiton d'une couche de borax délayé dans l'eau.

Pour faire fondre le fil de laiton et obtenir le brasage, on peut se servir d'une pince appropriée, à épaisses mâchoires, ou d'une petite forge à braser ; dans le premier cas, on serre la brasure avec la pince préalablement chauffée à blanc dans une forge ordinaire, jusqu'à ce que le laiton coule; dans le deuxième cas, on enlève la lame de son support et on la porte sur la forge à braser ; on recouvre la brasure de charbon et on souffle jusqu'à ce que la flamme prenne une teinte jaune verdâtre indiquant que le laiton est fondu. Généralement, on se sert de la pince pour les lames étroites et de la forge pour les lames larges.

Lorsque la lame est ainsi brasée, on la porte sur un support en bois, sur lequel elle est maintenue par deux petites presses et le support est, lui-même, serré dans un étau ordinaire ; puis on lime pour amincir les extrémités et donner la même épaisseur à l'endroit de la brasure qu'ailleurs.

Enfin on termine par un redressage au marteau sur un petit tas à planer.

Dans le cas de lames très larges on se sert parfois d'un appareil où il n'y a pas à ligaturer les abouts de cette lame au préalable ; elle est maintenue bien en place par un guide contre lequel le dos appuie, et par des ressorts dont on modifie la pression au moyen de vis molletées. On brase en faisant alors chauffer à blanc, dans une forge ordinaire, deux plaques de fer que l'on place au-dessus et au-dessous de la brasure, et on serre le tout par des volants à boudin disposés à cet effet.

La largeur des scies à ruban varie depuis 3 milimètres jusqu'à 100 milimètres.

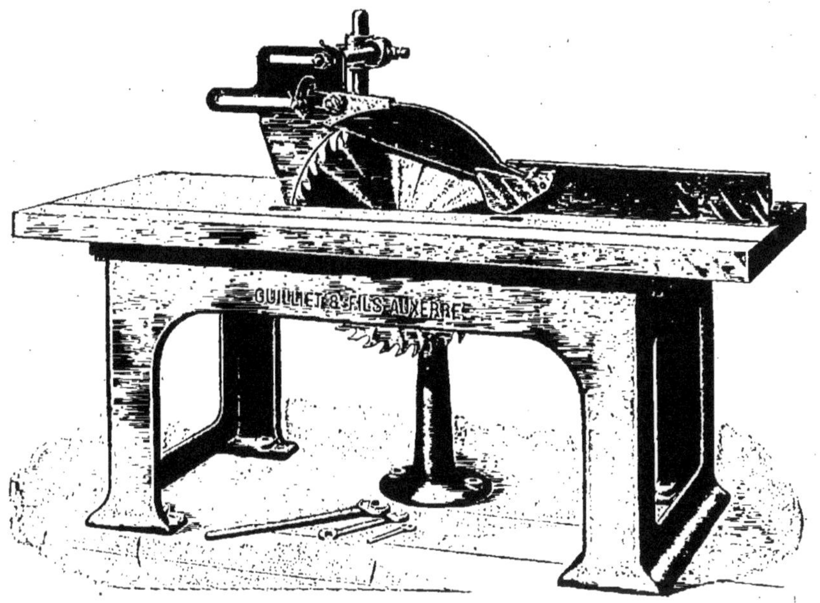

Fig. 103. — Scie circulaire.

Scies circulaires. — Ce sont des lames d'acier dentées extérieurement selon une circonférence.

Les dents des scies circulaires affectent l'une des formes ci-dessous, selon le travail qu'elles doivent fournir (planche III, page 27, fig. 40 à 45). Il faut que le nombre des dents soit pair, pour que la voie soit toujours alternative.

Les scies circulaires se désignent par la forme des dents et par leur écartement d'une pointe à l'autre et leurs proportions correspondent à peu près au tableau ci-joint :

Diamètre en centimètres,	Épaisseur en millimètres	Diamètre en centimètres.	Épaisseur en millimètres.	Diamètre en centimètres.	Épaisseur en millimètres,
7	0 3 à 0 6	33	1 1 à 1 4	95	2 4 à 3.0
8	0.4 à 0 7	35	1.2 à 1 5	100	2.5 à 3 2
9	0 4 à 0.7	38	1.2 à 1 5	105	2 7 à 3 2
10	0 4 à 0 7	40	1 4 . 1.7	110	2.8 à 3 3
12	0.5 à 0 9	45	1.4 à 1.7	115	2 8 à 3.5
14	0.5 à 0.9	50	1.5 à 1.8	120	3.0 à 3.7
15	0.6 à 1 0	55	1.6 à 2.0	125	3.2 à 3 7
16	0.6 à 1.0	60	1.8 à 2.3	130	3 2 à 3 8
18	0 7 à 1.1	65	1.8 à 2.5	135	3.4 à 4 0
20	0.7 à 1 1	70	2 0 à 2 8	140	3 6 à 4 2
22	0 7 à 1.1	75	2.0 à 2.8	150	4.0 à 5.0
25	0.9 à 1.2	80	2.3 à 3.0	160	4.2 à 5 0
28	0.9 à 1 2	85	2 3 à 3 0		
30	1.0 à 1 3	90	2 4 à 3.0		

Les lames sont montées (fig. 103) sur un arbre horizontal placé, en principe, sous une table en bois ou en fonte; il possède deux poulies, l'une fixe et l'autre folle, et tourne dans deux coussinets fixés, autant que possible, sur le même bâti.

La pièce chemine soit sur des rouleaux, soit sur des chariots analogues à ceux dont il est question dans les autres genres de scies, et elle est guidée et appuyée latéralement par des guides se déplaçant en parallélogramme selon les épaisseurs à débiter.

Le diamètre de la lame varie de 0,20 à 1,40 environ; elle tend à fléchir, aussi faut-il employer une épaisseur assez forte et guider la lame.

On fait varier entre 5 *et* 10 mètres *par seconde* la *vitesse* à la circonférence, ce qui correspond à une rotation de 400 à 800 tours par minute de l'arbre porte-lame.

Par *cheval-vapeur* et par *heure*, on compte sur une production de 5 m² de sciage en bois tendre et de 4 m² en bois dur, ce qui porte à 2 chevaux-vapeur, au moins, la puissance absorbée par ces machines qui font un peu effet de freins dans les ateliers à bois.

On est parvenu à débiter des bois assez gros en superposant 2 scies l'une au-dessus de l'autre, car dans le cas d'une scie simple, l'épaisseur de la pièce est évidemment moindre que le rayon de la lame ; avec une scie double on va jusqu'à 1 mètre et 1 m. 10, mais la difficulté réside dans

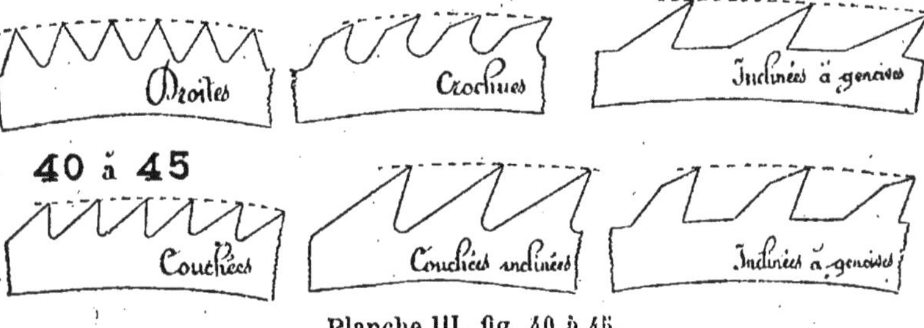

Planche III, fig. 40 à 45.

un repérage mathématique des deux lames, absolument nécessaire cependant.

Mesures de sécurité concernant les scieries (1). — La protection efficace des machines précédentes ne peut être obtenue par l'emploi d'un appareil préventif unique, mais par l'application d'une série de mesures relatives à l'installation et à l'entretien de la scie, ainsi que par l'usage d'un certain nombre de dispositifs protecteurs, qui varieront avec le *type de la scie* et le genre de travail que celle-ci devra effectuer.

Les scies qui occasionnent les accidents les plus nombreux sont les *scies circulaires ;* viennent ensuite les scies

(1) Consulter la brochure n° 6, publiée par l'*Association des Industriels de France contre les accidents du travail.*

à ruban; elles obligent, en effet, l'ouvrier à approcher ses doigts de l'outil.

Nous renvoyons, pour plus amples détails, à la brochure indiquée, pour les précautions générales d'installation, de choix d'ouvrier scieur, de commande et de montage concernant ces engins; nous nous contenterons de signaler que les conditions que doit remplir un appareil préventif et protecteur sont les suivantes :

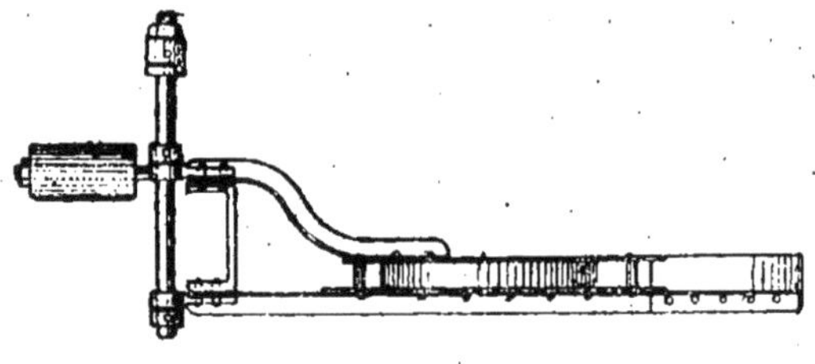

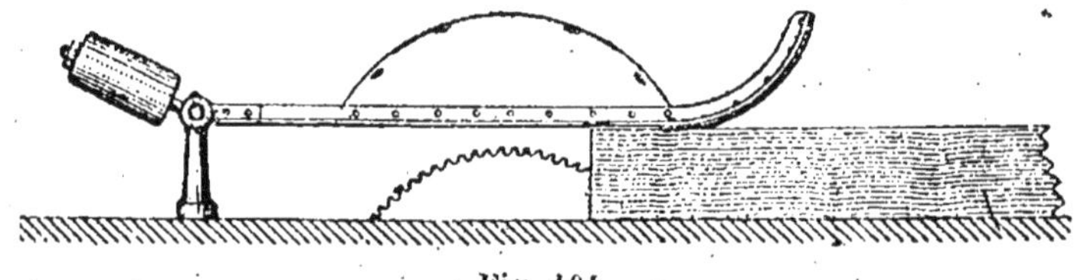

Fig. 104.

Il doit empêcher l'accès *aux dents* de la scie, soit pendant le repos, soit pendant la marche;

Il doit empêcher l'accès à la partie du disque située *sous* la table;

Il doit empêcher le *rejet* du bois, protéger contre la projection des *esquilles* et permettre, néanmoins, de suivre la marche du trait de scie;

Il ne doit gêner ni le sciage ni la surveillance du travail du bois.

On voit combien il est impossible, à un appareil unique,

de répondre à cet ensemble de précautions et qu'il est, dès lors, préférable de disposer chaque organe préventif selon le but particulier auquel il est destiné.

Passons brièvement en revue les dangers qu'il y a à conjurer, ainsi que les palliatifs proposés.

La *sciure* s'accumule *sous la table* et il devient nécessaire de l'enlever de temps à autre ; le premier mouvement, très naturel dans les travaux à tâche surtout, pousse l'ouvrier à l'effectuer à la main, malgré toutes les défenses les plus formelles. Il y aura par conséquent, non seulement à ordonner l'usage d'une *pelle en bois* pour ce nettoyage, mais à installer, autant que faire se pourra, un transporteur automatique de la sciure (toile sans fin), un encoffrement complet de la table de scie, des planchettes intérieures de sécurité.

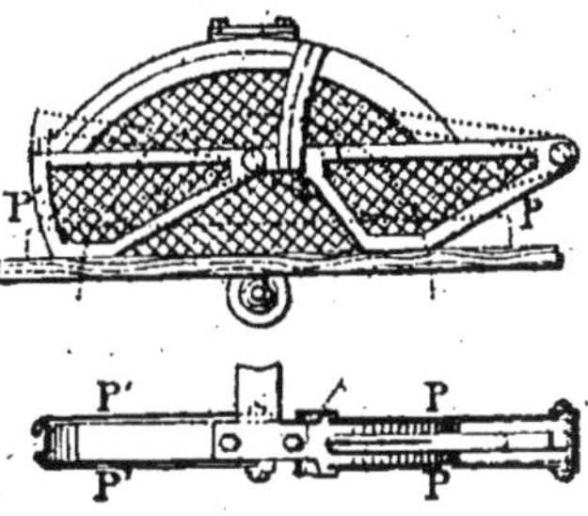

Fig. 104 *bis*.

Les *guides* de la pièce à débiter sont susceptibles de provoquer une résistance inopinée puis une détente brusque dans le mouvement de poussée ; tout le corps de l'ouvrier pourrait alors être projeté en avant ; il faut donc, on le comprend, proportionner la longueur du guidage au strict nécessaire, qui est d'éviter le *pincement arrière* de la lame par les parties séparées, et assurer le jeu latéral des guides sur des parallèles inébranlables.

Ce pincement, vers l'arrière de la lame, des deux parties sciées, résulte de diverses causes, et, pour l'empêcher de se produire, on peut faire usage d'un *couteau diviseur*, faisant office de coin derrière le plan du plateau de scie et fort près de celui-ci.

La protection efficace de l'ouvrier contre les atteintes de la *denture supérieure* présente, généralement, de grandes difficultés en pratique, en raison de la variation dans le travail effectué par l'outil ; en outre, il faut l'avouer, les couvre-scies fixes ou mobiles apportent forcément un peu d'entrave au libre accès sur la table de la machine, et l'ouvrier lui-même sera enclin à le laisser de côté.

Il existe un assez grand nombre de types de *couvre-scie* (fig. 104, 104 *bis*), dans lesquels on s'est ingénié à permettre à l'ouvrier de bien suivre l'action de l'outil et à ne pas gêner le passage du bois ; ils doivent s'adapter aux changements de plateaux, aux différents travaux à exécuter et être, dans tous les cas, d'une construction simple et robuste.

Les couvre-scie sont tantôt fixes, tantôt réglables à la main ou encore à réglage automatique; il est évident qu'avec ces derniers, on évite toute perte de temps et que l'on tourne la mauvaise volonté avec laquelle les ouvriers se prêtent d'habitude au réglage à la main.

Lorsque, pour une cause quelconque, il est impossible d'adapter un couvre-scie, il faut, tout au moins, employer une *planchette de sûreté* qui protège les ouvriers contre la projection de la sciure et des esquilles.

Toutes les fois qu'il sera possible de le faire, on mettra à la disposition de l'ouvrier, et l'on en surveillera l'emploi, de chariots, de pinces et de poussoirs.

Les *scies à ruban* sont bien moins dangereuses que les scies circulaires ; au point de vue spécial de la sécurité du travail, on fera bien de les substituer à ces dernières pour tous les travaux qui le permettront.

Les accidents qui se produisent aux scies à lame sans fin proviennent soit de la scie soit des poulies-guides ; on protège la partie inactive de la lame de scie au moyen de *volets mobiles*, que l'on relie à un chapeau supérieur pour éviter que, lorsque le *ruban* vient à casser, il ne *fouette* dans l'atelier et puisse blesser un ouvrier.

On enveloppera de même la poulie-guide inférieure ou

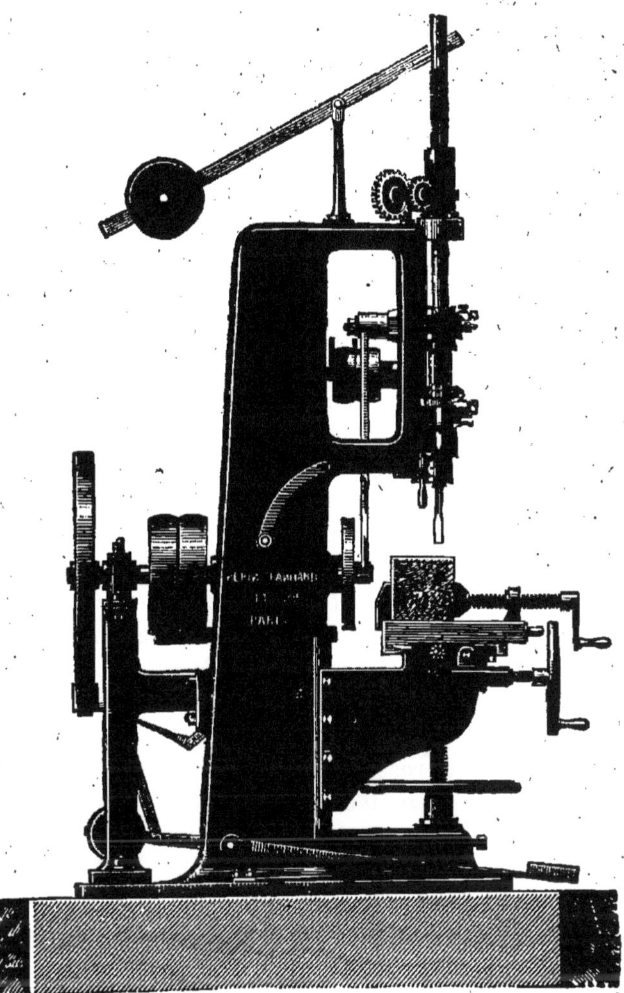

Fig. 105. — Machine à percer.

bien on en remplira les rais par un *disque* en bois, en tôle ou en grillage vissé sur les bras de la poulie.

Machines à percer. — Ce sont des machines analogues à celles employées au perçage des métaux (fig. 105) que nous étudierons par la suite; mais ici la descente de l'outil a toujours lieu à la main.

On se sert des *mèches à cuiller*, des *mèches anglaises*, des *mèches hélicoïdales*, dont les queues sont à emmanchement cylindrique, conique ou à ajustages variant selon chaque constructeur.

On fait *tourner* la mèche à 800 ou 1000 *tours par minute*, avec une *descente* de 2 à 3 millimètres *par tour;* l'arbre de la mèche est placé verticalement; il n'est horizontal que pour des travaux spéciaux.

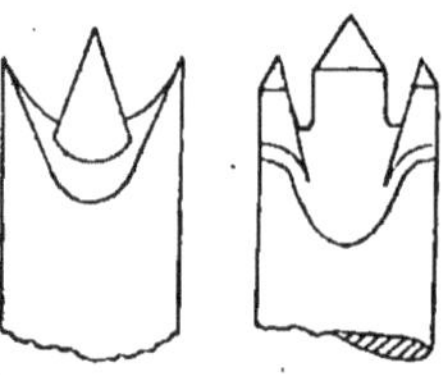

Fig. 105 *bis*.

Tours. — Le tournage se fait avec des tours mus au pied ou mécaniquement; dans ce dernier cas on peut faire usage d'une grande *vitesse, 2 à 300 tours par minute*, la pointe est remplacée par une pointe à 3 dents s'engageant dans le bois (fig. 105 *bis*). A l'autre extrémité, on engage une pièce métallique à cône creux pouvant recevoir la pointe de la poupée mobile.

Ces machines ressemblent beaucoup à celles employées pour tourner les métaux; pour les petites pièces, on les monte en l'air, au moyen de vis de forme conique qu'on fait entrer à l'extrémité (fig. 106); on peut également se servir de plateaux creux.

Pour tourner le bois on fait usage de la gouge et du ciseau; les ciseaux sont placés en hélice sur un porte-outil de forme carrée.

Les poupées peuvent être montées sur des bancs en bois ou sur des bancs en fonte, avec poulies fixe et folle, ou avec cône à changement de vitesse.

Les tours à bois peuvent être à mouvements parallèles et

munis, dans ce but, d'un support à chariots permettant le déplacement de l'outil dans deux sens perpendiculaires; ce support est alors commandé, par exemple, par une vis qui règne sur toute la longueur du banc et qui reçoit le mouvement de la poupée par des poulies et des cônes, afin d'obtenir une variation de vitesse de la vis et, par suite, celle de l'avancement de l'outil, suivant le travail à effectuer.

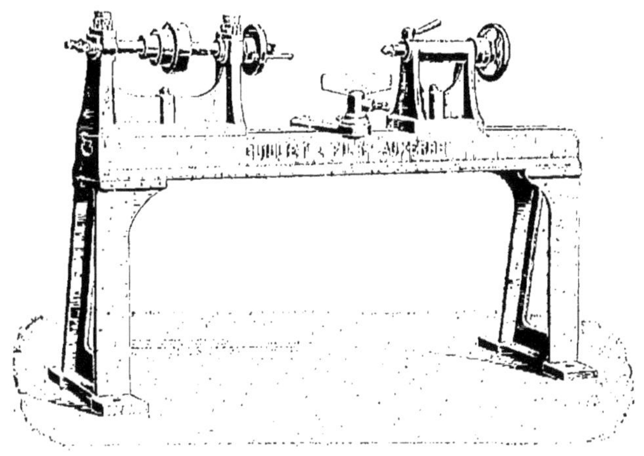

Fig. 106. — Tours à bois sur banc en fonte.

Pour tourner des pièces de bois d'un grand diamètre, on dispose du *tour à banc rompu* (*fig.* 106); la *poupée fixe* est montée sur un socle en fonte et le banc est agencé de manière à pouvoir coulisser sur ses supports et à augmenter ou diminuer, ainsi, la distance entre *l'extrémité de ce banc* et la poupée fixe.

Il existe des tours construits en vue des besoins de certaines industries, telles que l'ébénisterie (pieds de sièges), la confection des manches d'outils, la fabrication des cadres ovales, celle des bâtons ronds, la confection des bondes, etc.

Ces machines comportent des organes mus automatiquement à des vitesses en rapport avec le but poursuivi ; les

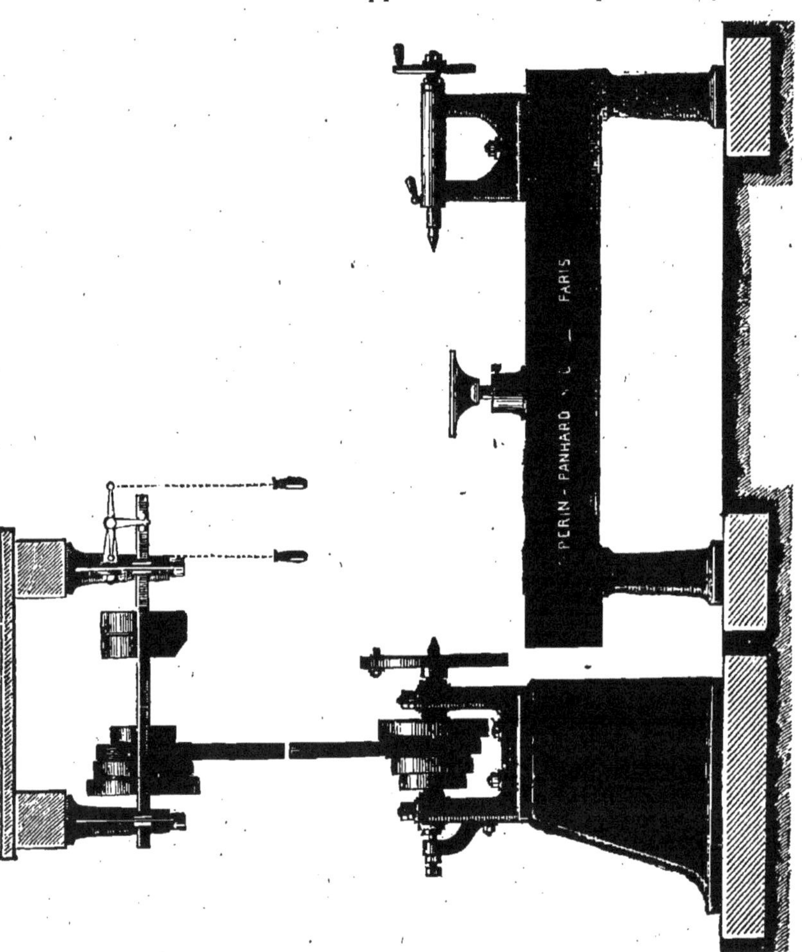

Fig. 107. — Tour à bois à banc rompu.

chariots, les lunettes, les supports oscillants, les débrayages automatiques et autres, sont combinés pour obtenir, en premier lieu, une ébauche de la pièce au moyen des gouges et de lames profilées, puis à la terminer au moyen de gabarits servant soit de guides soit même d'outils (fig. 107 *bis*) et at-

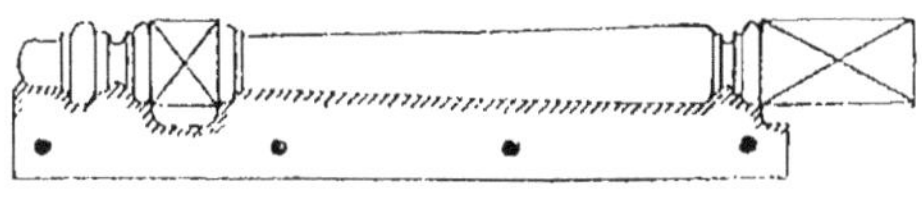

Fig. 107 *bis*.

taquant dans ce cas, le bois progressivement et immédiatement derrière la gouge d'ébauche.

Machines à trancher. — Le tranchage du bois consiste à réduire un bloc de bois en feuilles plus ou moins épaisses, selon l'usage auquel elles sont destinées; il n'y a pas de perte de bois comme il s'en produit dans le travail à la scie.

Avant d'être tranchés, les bois doivent passer dans une étuve à vapeur, où ils séjournent plus ou moins longtemps selon leur nature.

Les feuilles de placage peuvent être obtenues auss minces que l'on veut; on obtient, par contre, des feuilles de 4 millimètres d'épaisseur utilisées dans la fabrication des petites caisses.

Ces machines se composent, en général (fig. 108) d'un fort bâti en fonte, supportant les organes de commande et de transmission, et sur lequel glisse un chariot horizontal animé d'un mouvement de va-et-vient très précis; le chariot est armé d'un couteau rigide et extrêmement résistant, tandis que l'on assujettit le bloc à trancher sur une table inférieure qui s'élève, automatiquement, d'une quantité égale après chaque retour du couteau en arrière.

Machines à dégauchir et à raboter. — Cette catégorie de machines est basée sur le principe d'entamer, plus ou moins profondément, la surface du bois par

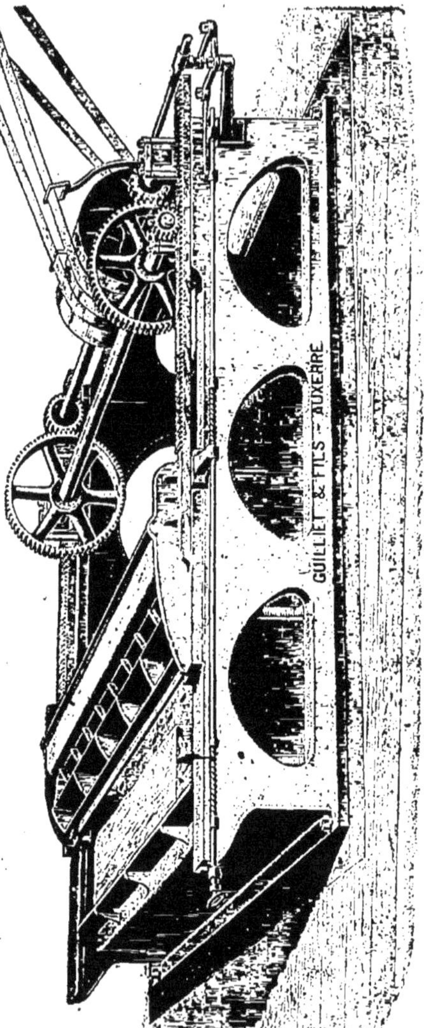

Fig. 108. — Machine à trancher.

une lame ou une arête animée d'une *vitesse* très considérable : *16 à 1.800 tours par minute*. Dans certaines

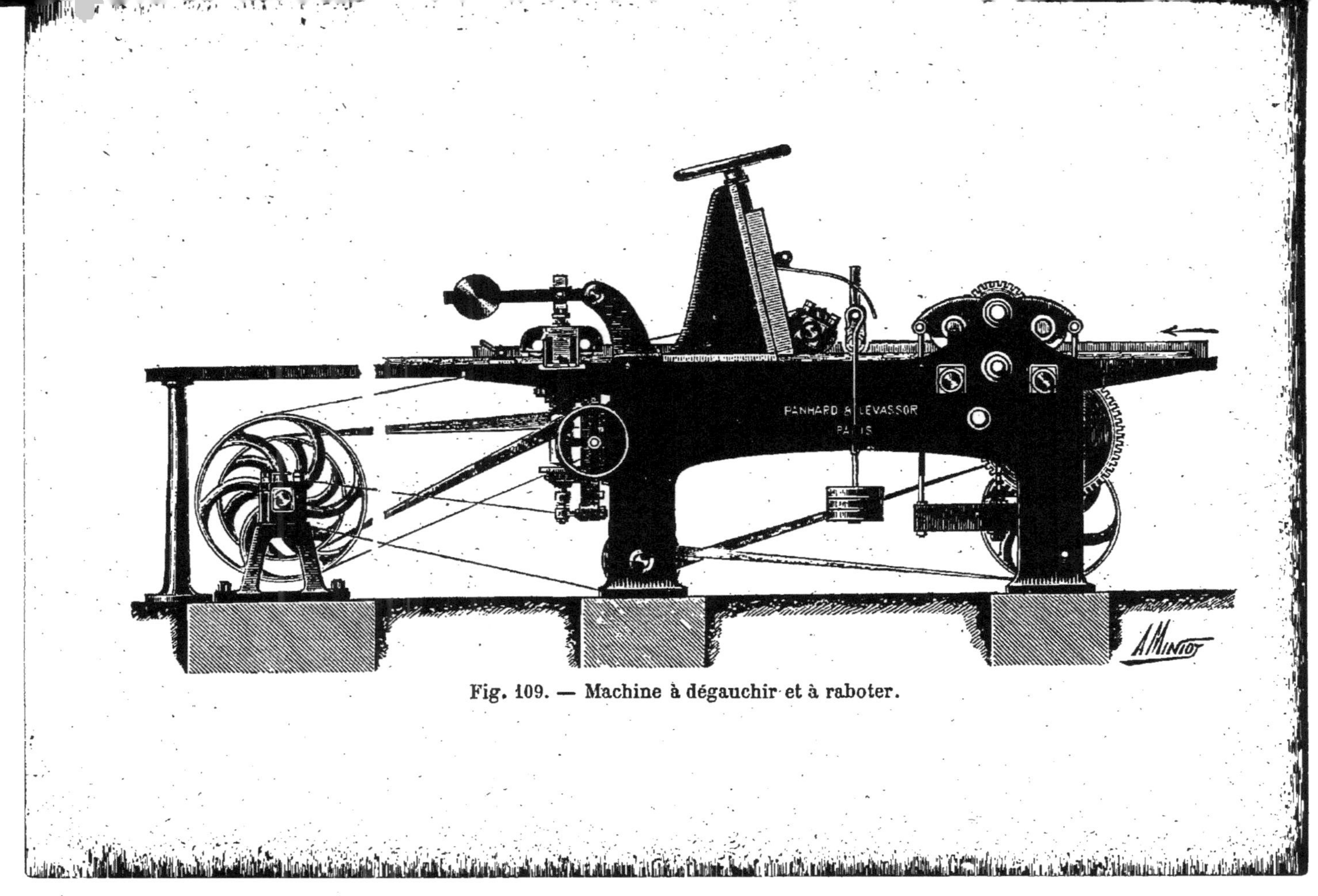

Fig. 109. — Machine à dégauchir et à raboter.

machines, la vitesse va jusqu'à *3.000 tours* et depuis quelque temps on est arrivé à les faire tourner à *3.500 et 4.000 tours à la minute;* mais alors l'équilibre doit être parfaitement étudié afin d'éviter des vibrations dans les organes, vibrations qui se traduisent par des *broutements* dans le rabotage.

Il semble que, plus la vitesse est considérable, moins la tendance à l'éclat soit grande; quoi qu'il en soit, il faut qu'au préalable le sciage ait été fait avec le plus grand soin, suivant des sections aussi planes et rectangulaires l'une à l'autre que possible.

On construit des dégauchisseuses blanchissant la pièce tantôt sur une face, tantôt sur plusieurs simultanément; le rabotage a lieu au moyen d'une série d'arbres portant soit des lames amovibles (fig. 109), soit des cylindres cannelés en hélice.

La grande difficulté, dans le service, c'est l'affutage des lames sans les démonter; on est parvenu à l'effectuer en faisant usage de petites meules artificielles, placées au sommet des supports; quand l'acuité du tranchant n'est plus suffisante, on soulève le porte-outil et on met celui-là en contact avec la meule, qui est animée d'un mouvement rapide de rotation et d'un mouvement de translation; le porte-outil doit donc, lui aussi, pouvoir tourner d'un certain angle.

L'*avancement* de la pièce à dégauchir est de *2 à 3 cm par seconde*, selon l'essence des bois. Il est bon que l'amenage puisse avoir lieu en deux vitesses différentes et être arrêté instantanément; il s'exécute tantôt à l'aide de chariots animés d'un mouvement automatique de va-et-vient, tantôt par des rouleaux cannelés ou caoutchoutés.

Il existe des machines à dégauchir, à disque conique (fig. 110), dans lesquelles le bois est griffé sur un chariot vertical passant parallèlement devant le plan du plateau ; ce disque est armé d'un certain nombre de lames et tourne à grande vitesse ; l'épaisseur à donner est réglée par un autre chariot gradué, mû à l'aide d'un arbre latéral, qui rapproche ou éloigne le disque de la pièce à travailler. Cet appareil ne dégauchit qu'une face à la fois.

Dans les ateliers de menuiserie et d'ébénisterie, chez les fabricants de wagons, de pianos, etc., on cherche à produire

Fig. 110. — Machine à dégauchir.

le travail sur plusieurs faces en même temps ; en ce cas, le bois étant griffé à chacune de ses extrémités sur un chariot animé d'un mouvement automatique, on rabote d'un seul coup sur l'une des larges faces et sur les deux champs. Pour finir de corroyer la pièce de bois, on n'a plus qu'à la passer ensuite sur une raboteuse à amenage continu par cylindres.

Pour dégauchir avec des lames droites, on peut encore se servir d'un outil rotatif en dessous, à axe horizontal ; on peut alors mettre les bois à l'équerre ou y pratiquer des chanfreins.

Ces machines se composent (fig. 112) d'un fort bâti en fonte sur lequel glissent 2 tables-coins manœuvrées par des vis ; le dessus de la table de gauche doit toujours être placé tangentiellement à la circonférence décrite par les extrémités des couteaux, tandis que la table de droite doit être au dessous de celle-là d'une quantité égale à l'épaisseur du bois à enlever (fig. 111).

Un guide sert à mettre les bois d'équerre ou à faire des chanfreins lorsqu'il est incliné.

Les machines à dégauchir peuvent être disposées pour recevoir des presseurs verticaux ou horizontaux (fig. 109)

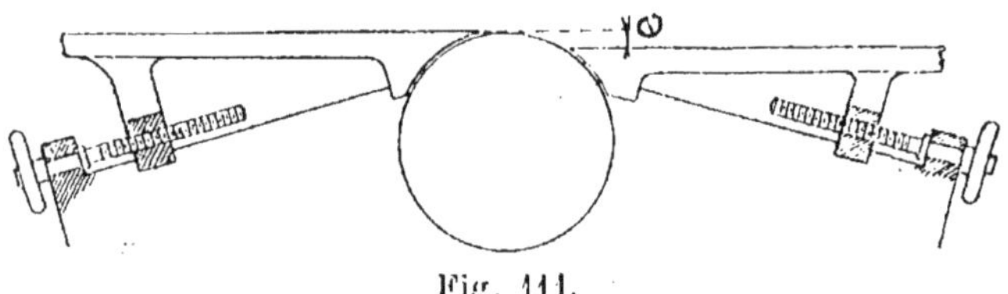

Fig. 111.

donnant une pression régulière sur le bois et permettant d'obtenir, plus facilement, un travail mieux fini ; on peut aussi protéger l'écartement des lèvres, entre les tables inclinées, par une petite plaque automatique.

Lorsque les bois ont été dégauchis, il faut encore les tirer d'épaisseur, les mettre à l'équerre ou même les moulurer et les rainer sur des machines qui peuvent travailler sur les quatre faces dans le même mouvement en avant.

Dans la plupart des cas, ces travaux sont exécutés successivement par la machine, quoique en un seul passage, au moyen d'un premier porte-lames horizontal inférieur, qui rabote le dessous de la pièce ; puis d'un outil horizontal supérieur qui produit le même effet sur le dessus et, enfin, de deux porte-outils verticaux, placés un peu l'un en avant de l'autre.

La partie antérieure de la table s'abaisse de l'épaisseur des copeaux à enlever ; des glissières servent à régler le porte-outils supérieur, et les porte-outils verticaux sont réglables verticalement et horizontalement au moyen de vis.

Fig. 112. — Machine à dégauchir.

L'avancement du bois est provoqué par quatre cylindres cannelés, avec des vitesses différentes, et des appareils presseurs assurant un travail irréprochable sont placés de façon à maintenir constamment le bois appliqué sur la table et contre les guides.

Toupies. — On donne ce nom à un outil spécial servant à faire les moulures; en principe (fig. 113), il consiste en une table carrée, traversée, au centre, par un arbre vertical *tournant* jusqu'à *4.500 tours* par minute; au sommet, on place une lame profilée maintenue par des coins de serrage et une vis de pression.

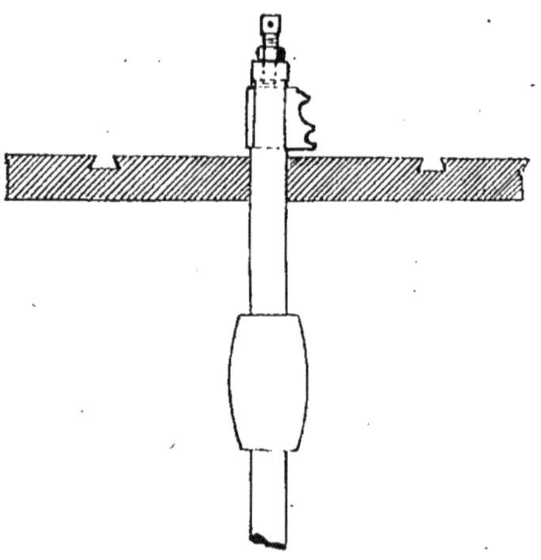
Fig. 113.

L'arbre est porté par un bâti qui peut monter ou descendre verticalement.

Le nombre et la variété des travaux que l'on peut exécuter sur la toupie en font un outil des plus utiles; on peut obtenir des moulures droites ou courbes, des plates-bandes de panneaux, des tenons, etc.; en fixant, à la partie supérieure, des fraises circulaires, on fait des rainures, des feuillures, des moulures et des contre-moulures, des jets d'eau, des gueules de loup et autres profils; on y peut bouveter et languetter aussi bien que canneler sur la longueur.

La toupie est susceptible de recevoir (fig. 114) tous les appareils accessoires tels que presseurs, guides, pare-éclats, dont nous avons indiqué déjà la destination.

A cause de la vitesse considérable de rotation de l'arbre, elle doit être construite avec un soin tout particulier si l'on veut être à l'abri des réparations et des échauffements et

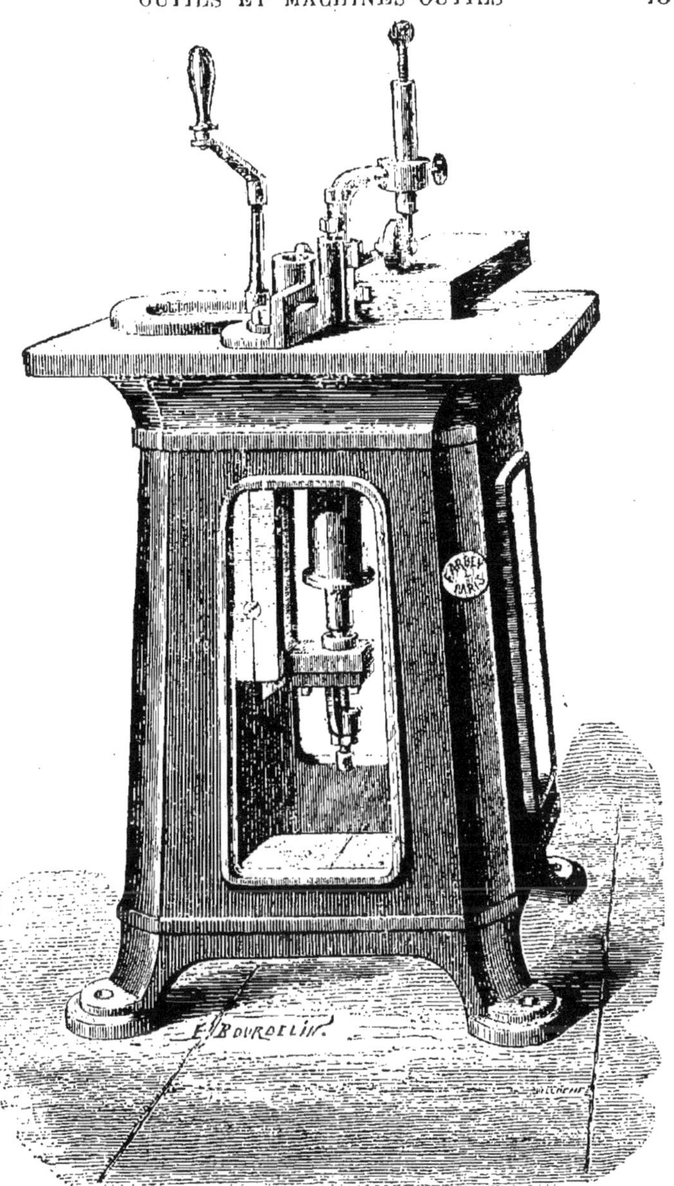

Fig. 114. — Toupie.

obtenir un bon travail ; l'arbre est souvent rectifié après tournage et tourne dans des coussinets des mieux conditionnés ; ceux-ci doivent permettre son réglage par rapport

Fig. 114 *bis*. — Toupie à bascule.

à la table, être à graissage automatique et, enfin, le pivot inférieur doit baigner dans l'huile.

Quelquefois la table est à bascule (fig. 114 *bis*) pour permettre, à l'aide de supports spéciaux, de pousser certaines moulures qui ne pourraient pas se faire sur la table.

Il existe des variantes de la toupie ordinaire où l'on a combiné : soit deux arbres verticaux tournant dans des sens

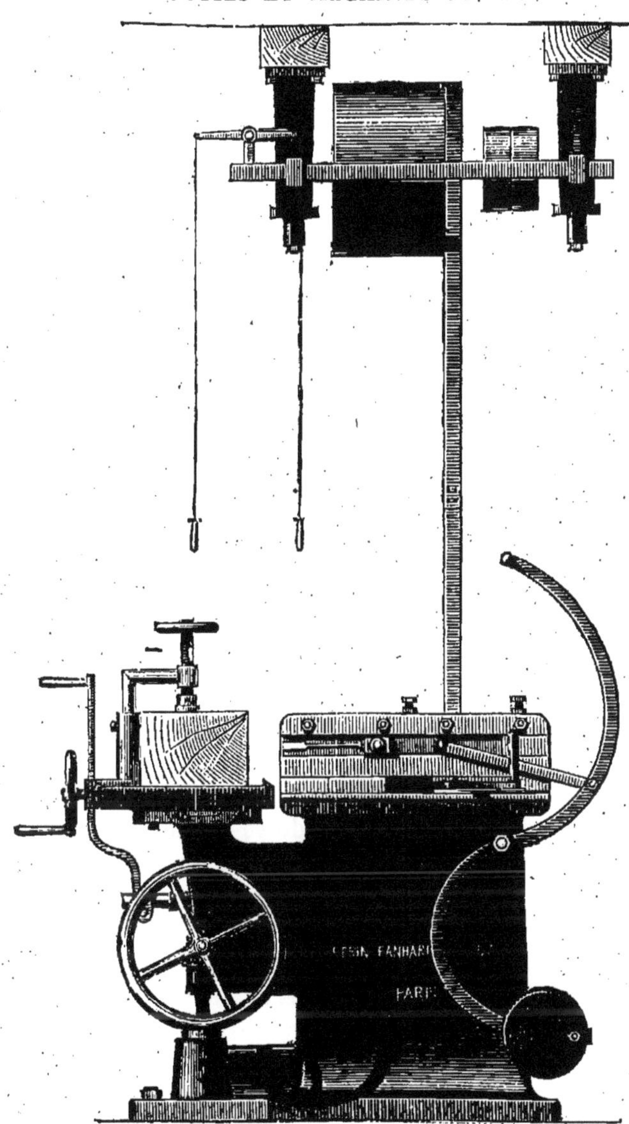

Fig. 115. — Machine à mortaiser.

opposés et coupant le bois selon son fil, soit un arbre horizontal permettant de travailler à ses deux extrémités, soit un arbre supérieur, en prolongement, portant une défonceuse qui se centre automatiquement et qui peut basculer lorsque la toupie inférieure, seule, doit servir.

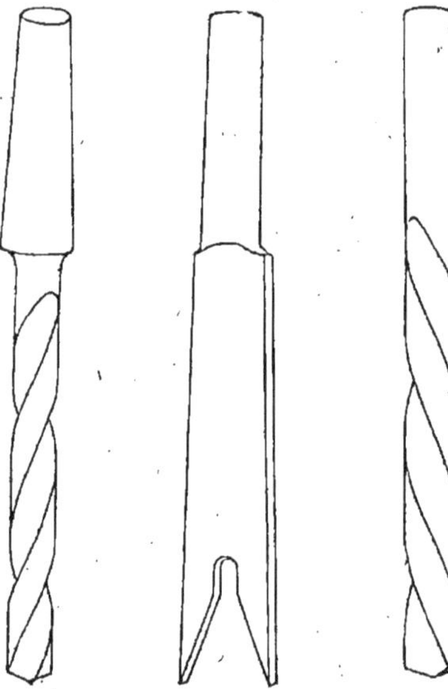

Fig. 116, 117, 118.

Machines à mortaiser. — Il y a deux manières de faire les mortaises mécaniquement : soit par outil tournant, et c'est la plus employée, soit par outil animé d'un mouvement de va-et-vient (fig. 105 et 115).

Dans ce dernier cas, on commence par pratiquer au milieu un trou ayant pour diamètre la largeur de la mortaise ; on place ensuite la pièce entre deux plateaux. En imprimant à l'outil un mouvement de va-et-vient, on enlève une tranche puis on fait avancer la pièce de bois ; on fait ensuite revenir et on retourne l'outil ; les bavures s'enlèvent avec un ciseau à main.

On peut placer aussi deux ou trois outils sur le porte-outil et faire ainsi plusieurs mortaises à la fois ; en une heure, on peut faire environ 20 mortaises de 0m80 de longueur.

Lorsque l'outil tourne, on se sert de sortes de gouges ; on les introduit d'une petite quantité dans le bois et, quand on a enlevé une première épaisseur, on fait avancer la pièce et on recommence.

L'arbre fait environ *2.500 tours par minute*.

Au lieu de la gouge, on peut aussi employer des outils en hélice (fig. 116 et 118), qui sont destinés à tourner soit à droite, soit à gauche; avec des bédanes (fig. 117), dont l'action est rectiligne et qui ont un double tranchant, il n'est pas nécessaire de retourner pour équarrir les deux côtés de la mortaise.

La machine à *défoncer* est dérivée de la mortaiseuse et sert à effectuer des travaux bien plus variés ; elle est employée pour défoncer les panneaux, pour faire des encastrements, des moulures, tout aussi bien que pour percer et mortaiser.

L'arbre peut être vertical ou horizontal ; dans le premier cas, il est placé au-dessus de la table ; la pièce de bois repose sur cette table à rainures possédant, en général, deux mouvements dans deux sens perpendiculaires.

L'outil lui-même est placé sur un chariot qui peut monter ou descendre à l'aide d'une pédale ou de ressorts ; il est équilibré et une butée mobile règle la profondeur à laquelle descend l'outil ; la pédale et les manivelles de manœuvre de la table sont placées de telle sorte que le tout peut être actionné à la fois par l'ouvrier ; on dispose le porte-outil de façon qu'il puisse se centrer exactement.

On construit également des mortaiseuses à outils multiples répondant à certains besoins industriels.

Un inconvénient grave de quelques mortaiseuses consiste en ce que la sciure produite pendant le travail n'est pas chassée en dehors du trou, de sorte qu'on ne peut pas équarrir mécaniquement ; il faut alors terminer le travail à la main, à la sortie de la machine (quand les trous n'ont pas éclaté), pour lui donner la netteté et la précision désirables. C'est donc là une notable perte de temps et une cause de déchet.

Avec les ciseaux creux on n'a pas ces désavantages bien

que le moindre défaut du bois puisse le faire éclater.

Dans les bonnes machines, la table est pourvue d'appareils pratiques pour fixer le bois, de guides et de vis de pression afin que la conduite en soit absolument sûre; la longueur et la profondeur des mortaises doivent être limitées par des butées disposées à cet effet.

Avec des appareils du genre des mortaiseuses et par des combinaisons appropriées, il est facile d'exécuter des variantes qui sont :

Machines à sculpter et à reproduire, à outil unique ou à outils multiples, avec ou sans gabarits;
d° à produire les encastrements et les incrustations;
d° à ouvrer les persiennes;
d° à façonner les formes de chaussures;
d° à façonner les rais de roues;
d° à faire les pattes et broches des rais;
d° à fabriquer les caisses;
d° à saboter les traverses;
d° à confectionner les futailles;
d° à raboter les douves;
d° à raboter les jantes;
d° à mortaiser les moyeux;
d° à percer et aléser les moyeux;
d° à confectionner les bois de galoches et de sabots; etc.

En résumé ces machines, bien agencées sous le rapport de l'étude approfondie des organes et bien construites au point de vue de la solidité et des trépidations, ont leur place toute désignée dans tout atelier à bois qui se spécialise quelque peu.

Outils. — En dehors des gouges, des mèches et des bédanes que nous avons indiquées précédemment (fig. 116,

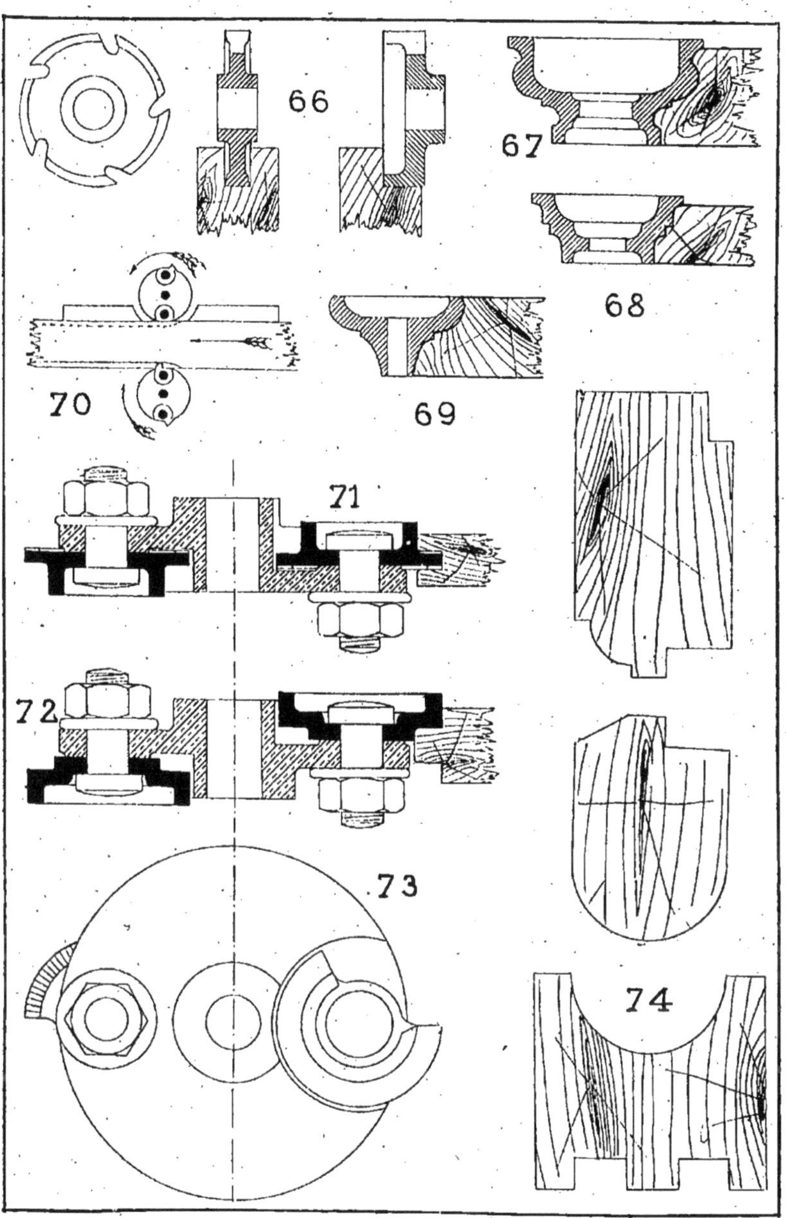

Planche IV. (65 à 74.)

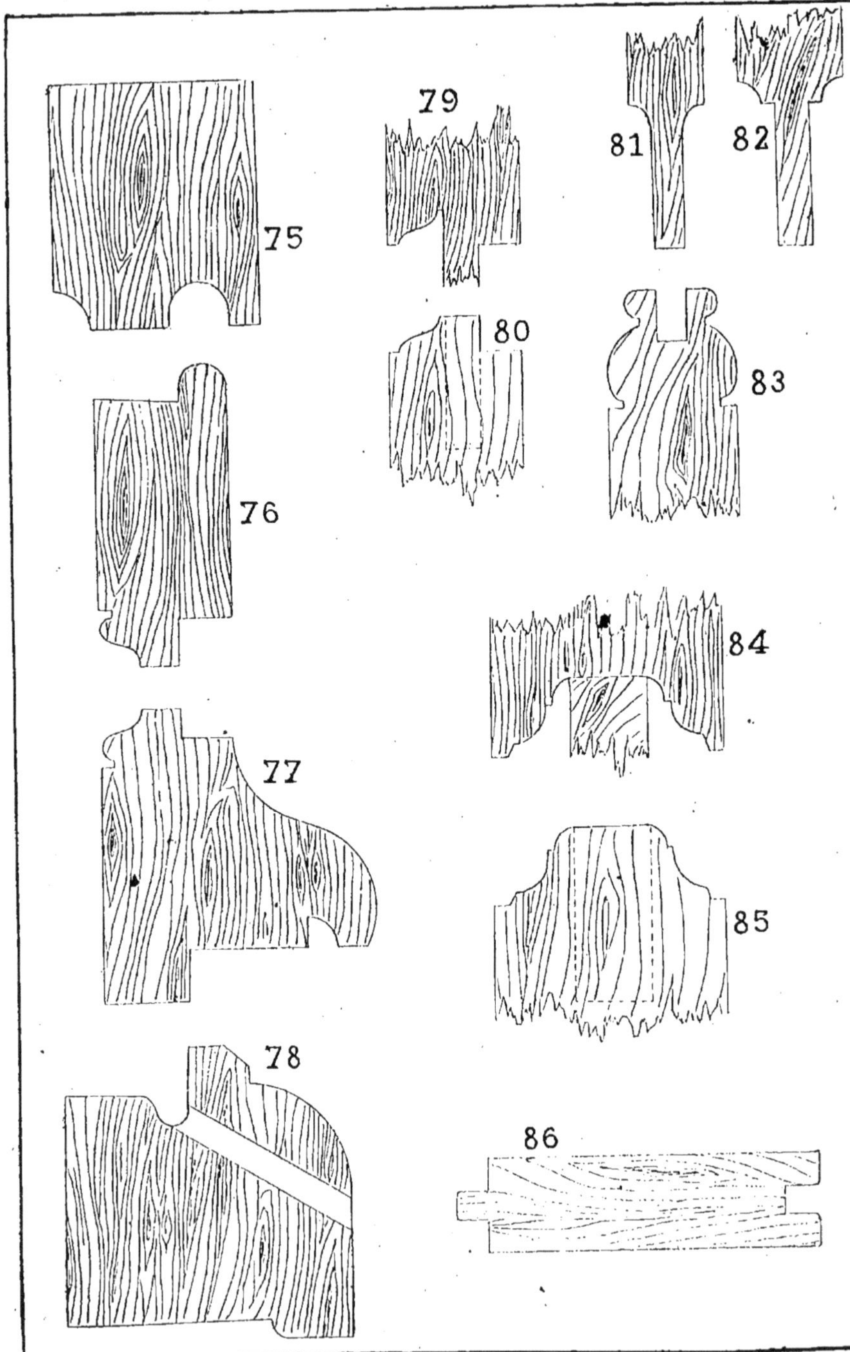

Planche V. (75 à 86.)

117, 118), on fabrique les fraises et outils circulaires ci-après qui travaillent par un certain nombre de tranchants saillants sur la circonférence et qui se fixent sur la machine, à la façon des scies circulaires, par un trou central.

Outils à rainures (Planche IV, fig. 66). — Il faut une série d'outils pour exécuter toutes les dimensions des rainures que l'on a en vue.

Outils à feuillures (Planche IV, fig. 66). — Ils diffèrent peu des précédents ; mais, ici, un seul outil suffit pour toutes les feuillures, pourvu qu'il soit assez haut.

Outils à moulures. — Ces outils (fig. 67, 68, 69) ne changent pas de profil par l'affutage ; leur réglage est des plus simples ; ils peuvent travailler les bois en bout ou même à contre-fil sans éclats, mais ils ne conviennent complètement que dans les ateliers où les profils ne changent jamais ; sinon les simples lames d'acier profilées leur sont préférables, à cause du prix et de l'affutage, lorsqu'on n'a qu'une petite quantité de moulures à étirer. Ils sont surtout indispensables avec les moulures courbes où il y a souvent à travailler le bois à contre-fil.

Les profils de croisées ordinaires se rapprochent des croquis ci-contre (planche IV, fig. 74) et s'obtiennent très vivement et fort proprement avec des séries de ces outils.

Pour les portes avec cadres à moulures assemblées d'équerres, il faut parfois des contre-profils tels que ceux de la planche V, dont le travail sur bois debout se fait des plus facilement.

Lames de parquet. — Ces frises de parquet (planche V, fig. 86), n'ont que la surface supérieure rabotée ; d'un côté, il y a une languette, et de l'autre, une rainure ; le dessous reste brut du trait de scie.

On peut les fabriquer sur une toupie double au moyen d'une série d'outils à bouveter (mâle et femelle) montés sur des porte-outils spéciaux fixés sur des arbres de la toupie et tournant en sens inverse (planche IV, fig. 70).

De même que les outils précédents, les couteaux s'affutent sur une petite meule en émeri et, pour des bois de bonne qualité, ces engins peuvent ouvrer jusqu'à 0m40 par seconde, sans trop d'éclats et fort proprement ; avec un seul affût, on peut produire 3.000 mètres de frises de chêne en 7 heures ou 10.000 mètres de parquet de sapin en 10 heures.

Chaque porte-outil (planche IV, fig. 71, 72, 73) comporte deux séries d'outils : ceux de dessus et ceux de dessous, qui se divisent le travail en haut et en bas d'une ligne passant au milieu de la rainure et de la languette.

Les outils à rainure travaillent comme l'indique la figure 71 ; ceux à languette enlèvent la matière ainsi que le montre la figure 72. Ces couteaux sont fixés sur le porte-outil dans des encastrements, disposés pour que les outils qui s'y logent soient en dépouille dans tous les sens, l'angle seul du tranchant étant en contact avec le bois ; on évite ainsi un frottement considérable qui se manifeste surtout dans les outils droits.

Les profils, pour le bouvetage, sont aussi variés que les épaisseurs des bois ; de plus, la profondeur de la rainure peut différer selon les constructeurs ; quoi qu'il en soit, pour régler le montage des outils sur le porte-outil, on emploie un appareil portant des calibres qui ont le profil exact des rainures et languette à obtenir ; on fixe les outils de manière qu'ils passent juste dans les calibres ; ils reproduiront, en travaillant, exactement le profil soumis.

La trempe est donnée assez dure et l'affûtage ne peut se faire à la lime ; on doit toujours affûter en-dedans de l'outil.

Mesures de sécurité concernant les machines à

bois (1). — *Toupies et machines à fraiser*. La vitesse de rotation considérable dont sont animés les outils de ces machines en rend la protection indispensable.

L'engin le plus simple est un *disque de sûreté*, à bords soigneusement arrondis, à jour, en fonte ou en bois dur, que l'on monte sur l'arbre au-dessus de la toupie à une hauteur suffisante pour permettre le passage de la pièce de bois ; les mains butent contre lui et sont ainsi préservées.

On peut également protéger le fer par un *plateau de protection* sur trois des côtés ou par un cadre en grillage métallique.

Quelquefois, on emploie une sorte de *cloche* mobile le long d'un bras fixé à la machine ou au plafond ; selon le travail, on en fait varier la hauteur au moyen d'une douille à vis de pression.

Il suffit, dans d'autres cas, d'installer un *anneau* avec un mode d'attache du même genre que ci-dessus; on le dénomme : anneau de sûreté *Herzog*.

Le système *Kirchner* présente un cylindre ajouré au lieu d'un anneau.

Les dispositifs adoptés pour presser le bois contre le guide, les rouleaux-presseurs, par exemple, suppriment en partie la nécessité, pour l'ouvrier, d'approcher les mains de la toupie, car il n'a plus alors qu'à produire l'avancement du bois.

On fait encore usage de galets et de ressorts appuyant la pièce de bois : d'une part sur le guide, d'autre part sur la table de la toupie ; il est d'ailleurs à remarquer que, dans les machines bien étudiées, ces dispositifs existent, ainsi que nous l'avons dit, et fournissent un travail beaucoup plus propre et régulier.

Mais lorsqu'ils n'existent pas, il est souvent facile de se

(1) D'après l'Association des Industriels de France.

servir des *rainures de la table* pour installer des tiges, douilles et autres *organes à ressorts* ou à contrepoids, dont la combinaison donne des *pressions automatiques* dans les deux sens.

A Tergnier, aux ateliers du Nord, où fonctionne un aspirateur des copeaux et poussières des machines-outils, on a établi un *écran protecteur* vitré, réglable selon la hauteur des bois; la projection des copeaux, éclats et nœuds ne peut ainsi avoir lieu vers l'extérieur et ce petit appareil protège à la fois les yeux et les mains de l'ouvrier qui peut, néanmoins, surveiller de la sorte très facilement son travail.

Machines à raboter. — Lorsque l'outil est en-dessus, on le protège par une *capote mobile* qui se prolonge par une espèce de visière; si on dispose une seconde tôle à quelque distance en dessous de cette capote, on forme un couloir par où s'écoulent les déchets, sans danger pour les ouvriers.

Les dégauchisseuses à outil en-dessous sont peut-être, en raison de ce que l'outil en est caché, plus dangereuses que les précédentes; les mains peuvent arriver inconsciemment aux lames, ou encore la pièce de bois peut se soulever et s'échapper.

La première précaution à observer sera donc de réduire au strict minimum le vide existant entre les deux tables et d'en tailler les biseaux bien tranchants.

Le soulèvement ou le *rejet du bois* peuvent avoir pour causes: un réglage défectueux de la table postérieure par rapport aux couteaux; un mauvais réglage; un mauvais affûtage ou une trop faible vitesse de ces derniers; un avancement trop rapide de la pièce de bois ou une inégale répartition de la pression sur elle.

L'emploi de la règle-guide est insuffisant pour éviter les accidents et il devient indispensable de protéger efficacement les couteaux.

Le dispositif *Seck frères* consiste en une tôle verticale percée de trois coulisses allongées; celle du centre porte une tige formant charnière et les deux autres reçoivent des doigts limitant l'inclinaison des deux trappes précédentes; ces trappes sont elles-mêmes à prolonge, de manière à bien couvrir toute la largeur des couteaux.

Le système *Gœde* est à recouvrement en tôle de forme ondulée, avec paliers équilibrés en partie.

Le dispositif *Kirchner* est un protecteur télescopique un peu analogue au précédent; il se règle à la main.

Le protecteur de *Chemnitz* consiste en une planchette en porte-à-faux, que tend à faire remonter un ressort à boudin; ce mouvement vertical est réglé par un cliquet à ressort mordant dans les dents d'une crémaillère. De plus des bandes flexibles en acier, fixées à cette planchette, appuient la pièce de bois contre la table.

La disposition employée par *MM. Heilmann* est basée, en principe, sur le jeu de deux rouleaux protecteurs oscillants; leurs axes sont reliés à leurs extrémités par deux balanciers qui tournent sur une tringle. Le bois, en entrant, soulève le rouleau antérieur et, dès que l'autre bout de la planchette le dépasse, il retombe tandis que le rouleau postérieur se soulève; on tire enfin la pièce par l'arrière de la machine.

Un système à pédale conduisant un tiroir et soulevant un chapeau est employé par les chemins de fer prussiens; pendant le travail, on abandonne la pédale et le tiroir recouvre en partie les couteaux, alors que le chapeau s'abaisse et s'oppose aux projections des déchets.

On peut encore faire usage du protecteur *Schrader*, qui a la forme d'une tôle à courbure périphérique tangentielle à la pièce de bois; elle pivote autour d'un point fixe, ramenée qu'elle est par un ressort, et couvre la partie non utilisée des couteaux. Pour de grandes longueurs de couteaux on construit, d'après la même idée, des protecteurs à deux secteurs dont l'un est supporté par l'autre.

Enfin il est bon d'employer, comme *intermédiaires* entre les mains de l'ouvrier et les pièces de bois en travail, surtout s'il s'agit de planchettes minces, des *poussoirs* en bois ; la forme des poussoirs peut varier, on les munit de pointes ou d'un rebord à l'extrémité.

D'autres fois, pour des fabrications importantes, on a imaginé des poussoirs à pinces ou à pointes.

DEUXIÈME PARTIE

TRAVAIL DES MÉTAUX

CHAPITRE PREMIER

GÉNÉRALITÉS

Les matériaux employés dans les machines et dont nous avons à nous occuper ici sont les métaux, les corps flexibles, les matières grasses, les mastics, les enduits, les matières à user et à polir (et enfin les bois que nous avons étudiés précédemment).

Fer. — La densité du fer varie de 7,40 à 7,84 ; c'est-à-dire qu'un cube de ce métal, ayant 10 centimètres sur chaque dimension, pèse de 7 k. 40 à 7 k. 84.

C'est un corps simple quand il est pur et, à cet état, ses propriétés sont constantes ; mais dans l'industrie, elles dépendent plutôt de sa fabrication.

Quand on le casse et qu'on considère sa structure, on

remarque qu'il se présente sous deux aspects : *cassure à grain* et cassure fibreuse (ou *à nerf*). L'*écrouissage* s'obtient lorsqu'on le frappe à froid ; il durcit le métal, lui donne plus de raideur, ainsi qu'une structure plus fine ; mais il rend, par contre, le métal cassant.

Le minerai de fer, traité dans les *hauts-fourneaux* (1), donne de la fonte au coke ou au bois ; si cette fonte n'est pas, encore en son état de fusion, convertie en acier, ainsi, par exemple, que dans les procédés Bessemer, Martin ou autres, et qu'on la traite par la suite au coke ou à la houille, on obtient le fer au coke ; mais ces désignations disparaissent de plus en plus devant l'invasion presque générale des aciers plus ou moins doux, obtenus directement aux convertisseurs et transformés en fer ou acier marchands dans la même chaude.

Les fers du commerce se rencontrent sous les formes les plus variées ; mais les sections surtout en usage sont : carrées, rectangulaires, plates, rondes, en cornière, en simple té, en double té, de vitrage ; les rails, les tôles.

On rencontre dans les fers les cinq *défauts* suivants :

Criques ou *gerces*, qui se font sur les angles des pièces et dans des plans perpendiculaires à la longueur des barres ; parfois aussi sur la face plane ; c'est l'indice d'un fer impur ou mal affiné et ce défaut peut aussi provenir de ce que le métal a été trop chauffé et *brûlé ;*

Travers : crevasses se présentant dans tous les sens à l'intérieur ; à l'endroit de ce défaut, les molécules ne sont pas bien soudées et on peut le faire disparaître en chauffant à température convenable, pour ressouder la matière ;

Doublures : crevasses remplies de scories ou d'oxydes ; on les enlève comme les travers, mais plus difficilement ;

(1) Voir *Forge et Fonderies.*

Pailles : affectent, sur la surface, la forme d'écailles fibreuses qui se séparent de la masse ; le fer a été mal travaillé ou il est impur; ce défaut se corrige mal ;

Cendrures : parties d'oxydes intercalées dans la masse ; elles apparaissent comme des points noirs ; la solidité n'en est pas affaiblie, mais il convient de rejeter le métal pour les pièces frottantes, qu'il userait très rapidement.

L'*essai des fers* se fait, à froid, par la cassure, ou à chaud, en le forgeant et en l'étirant.

A froid, il doit d'abord casser difficilement sous un choc convenable ; le grain doit être fin et de couleur blanc argenté ; s'il est à nerfs, les fibres doivent être blanches, soyeuses, compactes ; si la cassure est terne et que les fibres soient discontinues, le fer est de qualité inférieure.

A chaud, on lui fait subir une série d'opérations : ressuage, étirage, soudage, perçage, fente, torsion (1), auxquelles il doit résister sans gerces, pailles ou déformations insolites.

Fonte. — Se reporter, pour détails complets, au volume relatif à la *Fonderie ordinaire*.

Acier. — Au point de vue chimique, c'est du fer contenant des traces de carbone ; depuis peu d'années, les aciers dits spéciaux ont été produits avec incorporation recherchée et voulue d'autres métalloïdes ou *métaux* (voir plus loin).

Sa propriété saillante est la *trempe ;* il se durcit quand on le refroidit brusquement après l'avoir porté à haute température ; il est aussi très élastique et il se rouille plus difficilement que le fer.

Il sert, principalement, à fabriquer les outils, sauf ce que nous en verrons dans d'autres chapitres, et, dans ce

(1) Voir *Forge et Fonderies*.

but, on emploie une série d'aciers ayant des qualités en rapport avec le travail à effectuer ; c'est surtout par l'effet de la trempe qu'on les différencie, ainsi que par leur teneur en carbone ou en métaux divers.

Trempe de l'acier. — La trempe a lieu, selon les cas, dans l'eau ordinaire, dans l'eau acidulée ou composée suivant certaines recettes, dans le mercure, dans les corps gras ou même, tout simplement, dans l'air ou entre les mâchoires d'un étau.

La température, pour la trempe, ne doit jamais dépasser les limites strictement nécessaires ; de plus, la chaleur servant préalablement à forger l'acier ne doit pas, simultanément, servir pour la trempe ; il y a donc nécessité de laisser d'abord refroidir un outil forgé et de le chauffer à nouveau en vue de la trempe.

On sait qu'en chauffant ce métal à différentes températures, on observe des couleurs qui se forment à sa surface ; vers *525°* on a le *rouge naissant*, puis successivement, le *rouge cerise naissant*, le *rouge cerise clair*, l'*orangé* et le *blanc*, vers *1.500°*.

L'acier, soumis à des températures variant du rouge cerise foncé au rouge cerise clair, selon la dureté des aciers, puis trempé par différents procédés, subit une dilatation dans le sens de l'épaisseur et une contraction dans le sens de la longueur ; on voit donc qu'il y a nécessité, lors de cette trempe, de ne pas trop chauffer pour ne pas provoquer la rupture de l'équilibre des molécules et pour qu'il ne se produise pas, sous cette action, des gerçures et des crevasses, et qu'ainsi, sa résistance et toutes ses qualités n'en soient amoindries à cause d'une dilatation exagérée.

Il faut encore que cette dilatation soit régulière ; il y aurait, dans le cas de chauffage ou de refroidissement inégaux, changement dans la forme du métal qui, dès lors, se casserait ou, tout au moins, voilerait. On prendra donc toutes les précautions nécessaires pour que le chauffage et le refroidissement s'opèrent, l'un et l'autre, à un degré uniforme sur toutes les parties et surtout pour qu'ils ne soient pas limités brusquement, lorsque certaines parties seulement d'un objet doivent être trempées.

De ce qu'il y a un retrait sur la longueur d'une pièce trempée, il en résulte que si l'on opérait la trempe sans réchauffement spécial après forgeage, la surface, et, en particulier, les angles qui sont plus refroidis que le centre, subiraient moins le retrait que celui-ci et le subiraient, en outre, avant lui ; des défauts sont par conséquent susceptibles de naître sous l'effet de ces dilatations et contractions inégales, que l'on évitera par un réchauffage soigneusement fait avant la trempe.

Il faut opérer très rapidement le travail de l'acier en raison de ce que l'action combinée de l'air et du charbon de forge altérerait à la longue la nature de l'acier en modifiant sa teneur en carbone.

On le forgera donc, lorsqu'il sera nécessaire de lui fournir plusieurs chaudes successives, avec une surépaisseur convenable, que l'on enlèvera ensuite à froid à la lime ou mécaniquement, mais jamais avec chocs.

On l'ébauchera néanmoins sur sa forme approximative, en évitant le plus possible les angles et les arêtes, et en les remplacant par des arrondis, afin de rendre moins accentuée la transition d'une section à une autre.

Pour garantir efficacement (Bœhler) les surfaces des pièces compliquées de la décarburation, on les plonge, à l'état froid, dans une solution composée, pour 1 litre d'eau, de 100 grammes de soude et un kilogr. d'argile, se délayant facilement; on sèche ensuite les objets près du feu avant de les chauffer pour la trempe, comme d'habitude.

Les fabricants d'aciers fondus pour outils ont renoncé

depuis longtemps à obtenir une qualité de dureté moyenne pouvant convenir à tous les emplois; c'est la teneur en carbone qui est la base de la classification qu'on en fait, selon les usages auxquels ils sont destinés; la proportion de carbone combiné avec le fer produit le *degré de dureté*, tandis que la qualité de l'acier s'applique à l'absence de phosphore, de soufre ou autres impuretés et n'a aucun rapport avec le grain présenté par la cassure; en général, l'acier dur montre un grain fin et l'acier plus doux, de la même qualité, un grain plus gros.

Les 8 divisions conventionnelles des aciers à outils sont :

0. — acier très dur, contenant plus de 1,5 pour 100 de carbone, pour outils de tour, sur matière très dure.

1. — (degré de dureté pour rasoirs), contenant 1,5 pour 100 de carbone; convenable pour outils de tour, planes, forets, etc.; cet acier ne doit être travaillé que par un ouvrier expérimenté : tant soit peu surchauffée, la matière est gâtée.

2. — (degré de dureté pour outils de tour), contenant 1,25 pour 100 de carbone; convenable pour outils de tour, outils à mortaiser, planes, forets, petites fraises, petits tarauds, etc.; cet acier doit être travaillé avec soin et n'est pas soudable.

3. — (degré de dureté pour poinçons), contenant 1,12 pour 100 de carbone, convenable pour marteaux de moulin, fraises, petites lames de cisailles, alésoirs, grands forets et outils de tour, tarauds, poinçons, coussinets, etc.; cet acier se soude très difficilement.

4. — (degré de dureté pour burins), contenant 1 pour 100 de carbone; convenable pour burins, tranches à chaud, lames de cisailles de dimensions moyennes, grands tarauds et poinçons, fleurets de mine pour granit, etc.; cet acier se soude quand on le traite avec soin.

5. — (degré de dureté pour tranches), contenant 0,88 pour

100 de carbone ; convenable pour tranches à froid, étampes, grandes lames de cisailles, fleurets de mine, outils de forgeron tels que châsses, etc. ; cet acier se soude sans difficulté.

6. — (degré de dureté pour matrices), contenant 0,75 pour 100 de carbone; convenable pour bouterolles, marteaux, matrices; acier soudable pour rabots, fleurets de mine, etc.

7. — (dur à l'extérieur et doux au centre), spécial pour tarauds, alésoirs etc. ; chauffé à une couleur rouge foncé, cet acier se trempe facilement sans éclater ; pour des tarauds coniques, on peut l'étirer sous le marteau avant de le tourner.

Forgeage de l'acier. — Pour le forgeage, on chauffe le métal, selon cette classification :

Cerise clair, pour des aciers très durs (outils de tour) ;

Rouge clair, pour des aciers de dureté moyenne et des aciers tenaces-durs (burins d'ajusteur, poinçons).

Jaune clair, pour acier tenaces-doux (ressorts, gros marteaux).

Il ne faut surtout pas le surchauffer, car il deviendrait cassant et même brûlé, c'est-à-dire impropre à tout usage; néanmoins il ne faut pas le travailler à trop basse température, car alors il s'écrouirait et perdrait sa souplesse ; *on ne refoule pas les aciers.*

Il est à remarquer qu'en étirant un acier en une pointe ou un tranchant, sous le marteau, les molécules n'en subissent pas l'action dans la même mesure ; la partie centrale reste forcément en arrière sur celles de la périphérie ; le tranchant peut, par conséquent, présenter une portion pailleuse, qui s'égrénerait à l'usage et qu'on doit couper à la tranche.

Pour le même motif, la texture est plus uniforme dans les aciers carrés ou méplats que dans ceux à section circulaire ; de là la préférence, pour des outils soigneusement étudiés, en faveur des aciers carrés ou, tout au moins, octogones.

Lorsqu'on veut détacher une très petite longueur sur une barre d'acier épaisse, il faut l'entailler, à chaud et tout autour, sur une profondeur plus ou moins grande ; puis, à froid, à l'aide d'un marteau pesant, la cassure se fera nette et à angle droit.

On contrebalance, et même on annule, les effets des tensions trop fortes ou inégales, résultant du travail de l'acier, par le *recuit ;* on chauffe les pièces bien régulièrement au rouge foncé et on les laisse ensuite refroidir très lentement ; les petites pièces se recuisent à l'air, en les entourant de charbon de bois, de poussier ou de coke bien purs, surtout quand elles sont minces ou à angles vifs ; on les place en vase clos, à l'abri de l'air, lorsqu'elles sont grosses ou faites sur des formes les exposant à se voiler et, sur un feu modéré, on les porte au rouge brun, indiqué par une tige mobile témoin, pendant un temps plus ou moins long (2 à 4 heures) ; on les laisse ensuite refroidir tout doucement.

Tours de main. — Pour *chauffer avant la trempe* il est préférable d'employer le charbon de bois, plutôt que le coke ou la houille, car la flamme est moins intense et plus riche en oxyde de carbone ; il se forme aussi moins de mâchefer.

Avec la houille, on doit avoir soin de n'y porter la pièce que lorsque le combustible est déjà consumé en partie ; une bonne précaution, dans certains cas, consiste à introduire les pièces délicates dans un tuyau en fer formant moufle ; on évite, de la sorte, le contact du métal avec le combustible et avec ses impuretés, par conséquent ; le foyer doit être proportionné à la longueur des pièces ; parfois on se sert, pour la chauffe d'un bain de plomb fondu, mais alors on applique à ces pièces un préservatif, pour empêcher l'adhérence du plomb sur les objets.

Il est préférable, lorsqu'il y a beaucoup d'outils de nature délicate à tremper, de construire un four spécial pour la trempe.

La *température* à atteindre pour la trempe varie avec la dureté de l'acier :

Rouge cerise foncé pour les aciers très durs et durs;

Rouge cerise pour les aciers de moyenne dureté à tenaces-durs;

Rouge cerise clair pour les aciers tenaces et doux.

Tout en restant uniforme, le chauffage doit durer le moins de temps possible, afin d'éviter la production de mâchefer; on saupoudre les pièces, dans cette intention, de sel de cuisine bien sec, de prussiate jaune de potasse ou encore on les enduit de savon doux; on peut chauffer aussi en vase clos.

Afin de répartir la chaleur bien uniformément, on commence par les parties les plus compactes et on égalise les différences de température selon les exigences de l'opération : soit en retirant les pièces à l'air libre, soit en les plongeant dans l'eau, plutôt bouillante, soit en les frottant sur du sable humide.

Si le réchauffement ne doit atteindre que certaines parties de la pièce, il faut décliner graduellement les températures ou garantir les endroits qui ne doivent pas être trempés.

Dans la plupart des cas, la *trempe* s'opère dans des bassins dont l'eau est à environ 20 degrés; on y enfonce l'objet lentement, en le changeant continuellement de place afin que le dégagement de vapeur ne contrarie pas l'opération.

Mais il vaut mieux y procéder avec une eau courante, dont la température plus basse augmente l'efficacité de la trempe, en exposant alternativement toutes les faces de la pièce au courant ; cela est indispensable pour les pièces longues, qui sont plus sujettes à se voiler, et on en est arrivé à tremper à la douche, en actionnant à la fois les différents côtés de l'objet, pour que le refroidissement ait lieu bien uniformément.

L'eau de puits est préférée à l'eau de rivière; plus l'eau a servi à tremper l'acier, meilleure elle est.

La trempe se fait aussi dans l'eau acidulée, qui donne une dureté considérable, mais qui rend le métal cassant; il faut, en ce cas, laver ensuite les objets à l'eau ou à l'eau de chaux.

L'eau de chaux, delayée dans le bain, est un adoucissant lorsque le maximum d'intensité de trempe n'est pas demandé; mais trop de chaux nuit à l'opération; dans cet ordre d'idées, les huiles animales et le suif sont des agents moins énergiques pour des pièces délicates ou pour des objets à larges tranchants.

On peut faire usage : de l'eau pure ou de l'eau de chaux laiteuse pour les outils dont le tranchant seul subit la trempe : forgerons, mécaniciens, serruriers, etc ;

De l'eau acidulée ou froide pour les outils durs et tranchants, simples de forme et travaillant sans chocs.

De l'eau de chaux et des corps gras, pour les pièces délicates, outils compliqués, objets de formes volumineuses ou tourmentées, outils exigeant un bon tranchant et de la ténacité, tels que ceux travaillant avec chocs.

Avec la trempe combinée (dans l'eau puis dans l'huile) on donne une dûreté extérieure suffisante sans rendre l'acier de toute la masse trop cassant.

Les dimensions des *bassins* de trempage doivent offrir un volume suffisant pour que la température y soit constante et pour qu'on dispose facilement, alentour, de tous ses mouvements ; l'immersion doit se faire vers le milieu et non près des bords. Les bassins à matières grasses sont à enveloppe d'eau courante.

On obtient le degré de dureté désiré en *faisant revenir* les objets trempés ; souvent c'est sur feu nu ou sur fer chaud, et alors le réchauffement a lieu de l'extérieur à l'intérieur, ce qui peut être suffisant dans quelques cas ; mais il est préférable d'obtenir le résultat cherché en veillant à ce que l'acier ne se refroidisse pas entièrement dans le bain et que, encore assez chaud pour provoquer, à la surface, la formation des couleurs, on puisse l'immerger vivement une seconde fois jusqu'à son entier refroidissement.

Il n'est d'ailleurs pas possible de formuler à ce propos de prescriptions générales, en raison de la variété des objets soumis à la trempe, de leurs épaisseurs, de leurs formes ou de la nature de leur acier ; la dureté même de la matière à travailler est un facteur à faire intervenir. On fera revenir du jaune clair au brun jaunâtre : les outils à tranchant fin et dur travaillant sans chocs ; du rouge brun au violet, ceux à tranchant agissant par choc ou par torsion ; du gorge-de-pigeon au bleu foncé, les outils exigeant plutôt de la ténacité que de la dureté de tranchant.

On accuse parfois la qualité de l'acier de ce qui n'est qu'un insuccès dans le trempage ; nous avons dit qu'il valait mieux faire emploi d'aciers durs et trempés moins secs, de préférence à des aciers plus doux et trempés énergiquement ; cela montre qu'il faut toujours faire revenir les aciers durs, car il arrive en effet que de petites parcelles s'en détachent pendant le travail qu'ils sont chargés d'opérer ; puis, à la longue, la tranche s'égalise rapidement et présente assez vite toutes les apparences d'un refoulement, comme si l'acier était trop doux, alors qu'au contraire il est trop sec.

Il faut donc, ainsi d'ailleurs que dans le forgeage ou le chauffage, que le métal revienne très uniformément et que les procédés de réchauffement remplissent, avant tout, cette condition d'égalité de température.

La vérification des couleurs du recuit n'est possible qu'en prenant le soin, au préalable, de dégager l'acier, au moyen de la lime ou de l'émeri, du mâchefer qui le salit.

Lorsque l'on veut, après avoir fait revenir, que les couleurs disparaissent partiellement ou totalement, en vue de dessins ou autrement, on emploie la poudre à polir ou un acide faible ; on préserve les parties à conserver en teinte par de la cire ou du vernis, et on plonge le tout dans une solution légère d'acide sulfurique jusqu'à disparition des couleurs de recuit ; on lave ensuite à l'eau, ainsi qu'on l'a indiqué ci-dessus.

Pour *redresser* après trempe, on chauffe un peu et très légèrement ; puis on place l'objet entre des presses sur lesquelles on agit lentement et progressivement ; on laisse le refroidissement se faire sous cette pression.

Quand le redressement est impossible, tel que pour des pièces compactes, on recuit d'abord l'objet en le façonnant à nouveau si besoin est et on recommence la trempe ; le recuit est indispensable.

On a reconnu qu'en apprêtant et en aiguisant les tranchants avant trempe, la ténacité en était augmentée ; ils prennent, en effet, pendant la chauffe, même uniforme, une plus forte chaleur que les parties voisines et leur trempe est, pour ainsi dire involontairement, plus intense. On aura donc à tenir compte de cette observation pour tous les outils à taillant fin et effilé, tels que ceux des lames de coupeuses en papeterie, des marteaux de moulin ; il n'y a plus, après trempe, qu'à leur enlever légèrement, sur la pierre, la croûte extérieure ; de là aussi la nécessité, pour ces taillants, de bien surveiller la chauffe.

Cet aiguisage préalable sert en outre de contrôle, particulièrement pour les gros outils compacts comme les lames de cisailles qui ont, quelquefois, tendance à se refouler et à s'égréner, parce que l'épreuve à la lime avait paru concluante, le tranchant ayant été forgé brut; il en résulte qu'il faut apprêter les taillants et parties travaillantes des gros outils par un aiguisage assez prononcé.

La *trempe au paquet* est une trempe artificielle de la surface; cette méthode est appliquée lorsqu'il faut une grande dureté extérieure, et que de grandes difficultés pour la trempe sont présentées par les formes ou les dimensions de l'objet; on le confectionne alors d'un acier doux, se trempant facilement, et dont on augmente, à la surface, la teneur en carbone, au moyen de diverses compositions dont on l'imprègne.

On chauffe dans un vase clos, rempli complètement de charbon de bois, assez longtemps et sur un feu modéré; puis on trempe aussitôt l'objet retiré.

Les os, la suie et le poussier de bois, le cuir calciné, la corne, etc., sont mélangés à des substances pouvant former une pâte gluante qui préserve de l'oxydation, comme par exemple: les graisses animales, le salpêtre, le verre pilé, le sel de cuisine, etc., etc.

Voici quelques-unes des compositions proposées pour tremper au paquet (Boehler):

a) Charbon de bois de bouleau pulvérisé.	4	parties.
Cuir calciné	1	—
Suie de bois	3	—

On pulvérise et mélange parfaitement dans un mortier.

b) Corne calcinée	24	parties.
Farine de corne	4	—
Azotate de potasse	10	—
Sel de cuisine grillé	56	—
Colle forte	6	—

On en saupoudre les objets à feu découvert.

c) Salpêtre	15	parties.
Colophane	2	—
Prussiate jaune de potasse	7	—

Pour saupoudrer, comme ci-dessus, au rouge foncé ; il se forme une espèce d'émail ; on chauffe et on trempe ensuite comme d'habitude.

d) Farine de corne grillée	16	parties.
Bois de quinquina	8	—
Prussiate jaune de potasse	4	—
Nitrate de potasse rectifié	2	—
Sel de cuisine	4	—
Savon noir en pâte	34	—

C'est une pâte dont on enduit les pièces à tremper ; on la pétrit d'abord convenablement et on la laisse sécher ; ce n'est qu'au moment de l'emploi qu'on y ajoute la quantité d'eau nécessaire.

Le *soudage* des aciers susceptibles de subir cette opération est du domaine du forgeron, plutôt que de celui de l'ajusteur ; nous renvoyons donc le lecteur au volume : *Forge et Fonderies.*

Il est possible de régénérer l'acier de certains outils qui ont été seulement surchauffés ; mais jamais on ne régénère l'acier brûlé ; on rétablit sa faculté de trempe en chauffant puis en martelant les objets à nouveau, autant du moins que le permettent les formes ; puis on trempe soit dans l'eau froide, soit, à deux ou trois reprises, dans l'eau bouillante ; mais les qualités primitives ne seront jamais aussi vivaces que pour un acier n'ayant pas souffert.

Tout au contraire, si la surface seulement est atteinte ou décarburée, on régénère l'acier en le considérant comme devant être trempé au paquet ; la méthode est identique, sauf en ce que la température de chauffe est le rouge cerise et qu'on martelle les pièces jusqu'à ce qu'elles soient descendues au rouge foncé.

Les *aciers spéciaux* ne peuvent pas se régénérer. On entend aujourd'hui, sous cette dénomination, les aciers dans la composition desquels sont incorporés (soit que le minerai les contienne déjà à l'état primitif, soit qu'on les ajoute volontairement dans le but de leur fournir certaines qualités de dureté se conservant même à chaud) :

Le nickel, de 0,5 à 30 pour 100 ;
Le chrôme, en proportions très variables ;
Le manganèse, depuis 10 jusqu'à 14 pour 100 :
Le tungstène, depuis 2,5 jusqu'à 10 pour 100 ;
Le vanadium ;
Le titane ;
Le molybdène.

D'une façon générale, les aciers durs contiennent toujours le manganèse en notable proportion : 0,2 à 1 pour 100 environ. Dans les aciers mixtes il varie de 10 à 14 pour 100, avec 25 à 30 pour 100 de nickel et 3 à 4 pour 100 environ de chrôme.

C'est d'ailleurs tout récemment qu'on a introduit le molybdène dans les aciers au carbone ou même dans les aciers chrômés auxquels il communique une dureté précieuse.

ORIGINE	Carbone.	Silice.	Manganèse.	Soufre.	Phosphore.	Tungstène.	Chrôme.	Fer.
Acier cémenté. . . .	0.95	0 02	0.07	0.01	0.02	»	»	98.93
Acier au creuset. . .	0 95	0.13	0.37	0.03	0.02	»	»	98 50
Acier au creuset pour outils de tour, 1re qual.	1 32	0.09	0.23	0.05	0.04	»	»	98.27
Acier dur par lui-même	1.65	0.63	1 82	0.04	0.03	9 83	1.03	84 91
Bessemer suédois pour ressorts	0 70	0.05	0 32	0 01	0 03	»	»	98.88
Bessemer anglais pour ressorts.	0.51	0.08	1.03	0 06	0 05	»	»	98.89
Acier de moulage . .	0.39	0.42	0 78	0.05	0.06	»	»	98.30

Le tableau ci-dessus (Campredon) résume les analyses

chimiques qui ont été faites sur les aciers industriels les plus répandus.

Le lecteur trouvera, dans la suite de cet ouvrage, des indications relatives à chacun des genres d'outils dont il est fait usage dans les ateliers, au fur et à mesure de la description des machines qui les mettent en œuvre ; mais nous allons, ici, donner des conseils particuliers pour le façonnage de ceux qui ne seront pas mentionnés ou qui sont décrits dans les volumes suivants.

TREMPES DIVERSES. — Bien que les couteaux des *machines à raboter* ne doivent pas être confectionnés d'un acier très dur, on les trempe cependant dans le suif; en raison de leur faible épaisseur, ils ont tendance à se déformer facilement quand ils subissent l'action énergique de l'air.

Pour les formes simples, on ne trempe généralement que le tranchant; on chauffe l'outil, aussi uniformément que possible, à température rouge sombre ou rouge cerise, moindre vers le dos ; on les trempe horizontalement, le dos en avant ; on les fait revenir au bleu-foncé.

De ce que le redressage est souvent difficile avec ces outils, après trempe, il y a lieu de fermer au préalable les trous ou les entailles avec de l'argile ; on protège, ainsi, les arêtes contre une trop forte chaleur; mais si le taillant seul doit supporter la trempe, il est préférable de ne percer les trous qu'après coup.

Les petits couteaux se chauffent par le dos, vers le tranchant ; aussitôt que le dos est rouge-sombre et le tranchant rouge-cerise, on les plonge à moitié de leur largeur dans l'eau ou dans le suif; on les retire et on laisse revenir par la chaleur du dos.

L'aiguisage doit, selon les applications, être approprié aux formes des lames ; celles dont le tranchant exige beaucoup de dureté seront aiguisées avant la trempe et rectifiées ensuite ; tandis que les grosses lames ne seront aiguisées qu'après trempe, ce qui permettra de contrôler si l'action de celle-ci s'est bien fait sentir à l'intérieur et peut empêcher le refoulement pendant le travail.

Crapaudines. — Les crapaudines de petite dimension en acier doux se chauffent entièrement au rouge-cerise ; on les plonge ensuite rapidement et verticalement dans le bassin en les y promenant jusqu'à complet refroidissement ; on ne les fait pas revenir.

Celles qui sont d'un acier mi-dur se trempent d'abord dans l'eau ; puis, sans revenir, on les laisse refroidir dans l'huile.

Les crapaudines en acier dur ne se trempent que dans l'huile ou le suif ; on les fait revenir légèrement ; mais il vaut mieux employer un acier doux avec trempe artificielle à la surface.

Pivots. — On les chauffe au rouge-cerise s'ils ne sont pas trop gros, doucement et uniformément, en les retournant souvent ; puis on les trempe dans de l'eau à 20 degrés, qui se renouvelle, jusqu'à refroidissement complet, et sans faire revenir. Il est bon, s'il se peut, de les percer au centre, afin de diminuer la tension produite pendant la trempe.

Les gros pivots se chauffent lentement au rouge-brun ; puis, en activant le feu, on porte la partie qui doit travailler au rouge-cerise, dégradant régulièrement ; on trempe alors vivement toute la partie chauffée dans l'eau douce en égalisant les différences de chaleur des arêtes ; on soulève ensuite jusqu'à complet refroidissement. On fait revenir au jaune et on fixe les couleurs par une nouvelle immersion totale.

Cloutières pour rivets et boulons. — Dans ces outils, c'est la surface plane et les parois intérieures, exposées au frottement et à de hautes températures, qui doivent être trempées ; on chauffe le tout, mais en s'appliquant à diriger la chaleur vers ces parties ; on trempe par un jet d'eau continu et l'on fait revenir, au jaune, la surface extérieure en employant des bagues en fer (portées elles-mêmes au rouge).

Marteaux d'ajusteur, rivoirs. — On les chauffe uniformément au rouge ardent en employant même le prussiate de potasse pour la panne, que l'on trempe d'abord dans l'eau.

La tête a conservé sa température et on la trempe à son tour en la promenant en tous sens. On empêche la panne de revenir par des injections d'eau froide.

Pendant ce temps, le corps du marteau est descendu au brun sombre et il est assez froid pour qu'on l'immerge complètement, sans risquer de le tremper.

On fait revenir ces objets du jaune clair au rouge sombre.

Ressorts. — Les petits ressorts se trempent à l'huile, en les y brassant jusqu'à complet refroidissement ; pour les faire revenir, on se sert de l'huile qui y adhère, que l'on fait brûler, selon la destination. On les fait alors refroidir dans le même bain ou dans l'air. Ce procédé se renouvelle autant qu'il est nécessaire pour les gros ressorts, en raison des exigences d'élasticité et de la nature du métal.

Les petits ressorts devant être fabriqués avec grand soin, tels que ceux des pièces d'armes, se font revenir en les immergeant, après trempe, dans un vase que l'on peut rendre hermétique et qui contient de l'huile ou du suif ; on chauffe ; la couleur bleue du recuit correspond à 290 degrés, température de l'inflammation artificielle du corps gras ; on retire alors le vase du feu et on le clôt avec un couvercle, puis on laisse refroidir.

Les grands ressorts sont chauffés dans un four à réverbère et trempés, dans l'huile ou le suif, jusqu'à complet refroidissement ; on les fait revenir en les réchauffant dans le même four jusqu'à une température telle qu'un morceau de bois dur, frotté sur leurs côtés, fume ou jette des étincelles.

On n'emploie la trempe à l'eau que pour l'acier doux.

En dehors des précautions générales que nous avons relatées, la manipulation de l'acier devra se faire en enlevant le *mâchefer* avec soin avant la trempe, au moyen d'une brosse métallique, d'une lime, etc.

L'*éclairage de l'atelier* ou de l'endroit où s'exécute la trempe devra permettre l'appréciation exacte du degré de température ; dans certaines usines on a même pour principe de ne tremper que le soir.

Très souvent, les insuccès que l'on éprouve dans la trempe, et qui ont pour cause non une qualité d'acier peu convenable, mais un mauvais travail de cet acier, peuvent s'analyser et fournir des indications précieuses pour mieux conduire d'autres opérations ; en cassant les pièces défectueuses, le changement de texture, les étirages inégaux, les chauffes trop basses ou trop hautes, les criques, l'adhérence des mâchefers, le voilement des pièces, le chauffage trop prolongé, etc., devront être observés de très près et procureront, par cet examen, des données certaines pour en éviter le retour.

Fer cémenté. — Il arrive parfois qu'on recule devant l'emploi de l'acier à cause de ses déformations à la trempe ; on fait alors usage d'un métal intermédiaire, appelé *étoffe*, qui est constitué par un noyau de fer intérieur, tandis que l'épiderme est en acier.

Les corps qui servent dans ce cas pour opérer l'incorporation du carbone sont des *céments :* les os calcinés, la suie, un mélange de suie et de charbon de bois, les vieux cuirs calcinés, le prussiate de potasse, la corne et le salpêtre, par exemple.

On met la pièce dans une caisse de cémentation ; on chauffe, et lorsque la combinaison s'est faite sur 2 ou 3 millimètres, on arrête l'opération; la cémentation ne se produit qu'assez lentement; on compte environ six heures de chauffe pour une attaque de 1 millimètre de profondeur.

L'avantage de ce procédé est un moindre gauchissement, puisque tout le centre y est resté malléable; on peut, en outre, redresser les objets lorsqu'ils se sont voilés. Cette étoffe est, particulièrement, employée pour les clavettes.

On ajoute, parfois, des matières ammoniacales pour faciliter la cémentation.

Le prussiate peut aciérer en l'absence d'un vase clos ; on en frotte, au rouge, la surface de la pièce, dont il enlève le poli.

Cuivre. — C'est un métal de couleur rouge, à cassure à grains, qui se travaille bien à froid ; le grain se resserre sous l'action du marteau, il s'écrouit et reprend sa malléabilité par le recuit.

Il se forge au rouge clair ; il se fond et se moule comme la fonte, mais il ne prend pas aussi bien les formes du moule et, souvent, on y ajoute du zinc ou de l'étain, qui lui communiquent de la fluidité.

On le recherche pour les pièces qui doivent résister à l'oxydation à l'air ; il a une très grande ductilité.

Il sert surtout à confectionner la tuyauterie de vapeur (voir *Chaudronnerie*) ; on obtient les tuyaux en roulant une feuille de cuivre, suivant une génératrice, avec un léger recouvrement, puis on en fait la soudure. On le passe ensuite dans des bagues d'acier appelées *filières* et on l'étire de plus en plus en le recuisant souvent.

Sa densité est 8.89.

Étain. — L'étain a un aspect blanc; il est très ductile et très malléable; il s'emploie rarement pur dans la construction des machines, mais plutôt sous forme d'alliages avec d'autres métaux.

Sa densité est 7.39 et il fond à 230 degrés, plus fusible, par conséquent, que les autres métaux; il sert à la fabrication du fer blanc, feuilles de tôles recouvertes d'étain, et à l'étamage.

Coulé en baguettes, il sert à faire les soudures pour relier ensemble les tuyaux de plomb.

Plomb. — Métal gris-bleu clair, très mou; il ne s'écrouit pas sous le choc du marteau, n'a pas d'élasticité et se laisse ployer et couper facilement.

Il se travaille toujours à froid. Dans les grosses tuyauteries d'eau, seulement, on le coule dans les joints, puis on le mate à froid.

Sa densité est 11.35; il fond à 325 degrés; on l'emploie aussi pour scellements, comme contrepoids et dans la tuyauterie d'eau.

Il entre dans la composition de beaucoup d'alliages.

Zinc. — Métal bleu-clair, plus blanc que le plomb; malléable au marteau mais s'écrouissant facilement, sauf entre les températures comprises entre 80 et 140 degrés.

Coulé, il est cassant; laminé, il résiste; il encrasse la lime, même dans les alliages dont il fait partie.

A l'état pur, il est peu employé dans les machines; beaucoup plus dans le bâtiment et certaines tuyauteries; il s'oxyde assez vite à l'air, mais on a reconnu que la première couche oxydée devient un préservatif pour le reste de l'épaisseur.

Sa densité est 7 14; sa température de fusion, 450 degrés

environ, un peu au-dessus de laquelle il commence à se volatiliser.

Bronze. — L'alliage le plus employé est celui de cuivre et d'étain, ou *bronze ordinaire* :

Cuivre..........	de 90 à 80 pour 100.
Étain............	de 10 à 20 pour 100.

La première composition est un alliage doux, mou, non cassant et ne convenant pas pour les frottements ; sa dureté augmente avec la proportion d'étain ; la deuxième composition est dure, cassante et donne de bons frottements ; le bronze en est sonore et s'emploie pour les cloches. Le bronze des machines est entre ces deux limites ; le bronze doux est employé en robinetterie (1).

Pour faciliter le moulage sans en altérer les qualités, on y ajoute un peu de zinc et même de fer qui le rend dur sans être cassant :

Cuivre	Étain	Zinc	Fer
86	11.5	2	0.5

Les paliers des wagons sont d'un bronze qui a à peu près ces proportions.

Le bronze phosphoreux, qui contient environ 1 pour 100 de phosphore, présente beaucoup plus de ténacité que le bronze ordinaire et donne le maximum de résistance.

L'action du phosphore dans les alliages est de réduire tous les oxydes, à cause de son affinité pour l'oxygène, et de donner, en même temps qu'une plus grande résistance, plus d'homogénéité à la masse.

Le plus dur sert à fabriquer les coussinets de wagons, les tiroirs, douilles, crapaudines et coussinets divers ; on ob-

(1 Voir troisième partie: *Forge et Fonderies*.

tient même un bronze mangano-phosphoreux d'une dureté encore plus grande et qui ne doit avoir d'usage que pour les grands frottements à fortes charges : coussinets, bagues, grains de turbine, pivots de crapaudine. Ces deux qualités résistent mal aux chocs.

Les pièces qui doivent travailler à la traction et aux chocs se font en un bronze plus malléable : écrous, tiges de piston, pignons et engrenages, crémaillères, etc.

Métal anti-friction. — C'est un alliage, en diverses proportions, d'un emploi très commode pour les réparations et l'entretien; mais on a reconnu qu'après avoir donné, au commencement, de bons résultats, il perdait à la longue de son homogénéité :

Cuivre	Antimoine	Étain
3.8	7.6	88.6

Il est économique; on décape, au préalable, les surfaces et on verse le métal fondu dans les coquilles en fonte légèrement chauffées ou dans les rainures des coussinets en bronze; il donne un bon frottement mais sous de faibles charges.

On fait aussi des bronzes d'aluminium, de nickel, ainsi que des anti-friction au phosphore.

Laiton. — Il est aussi appelé *cuivre jaune*. C'est une combinaison de cuivre et de zinc répondant, généralement, à la proportion

Cuivre	Zinc
65	35

Sa couleur est jaune; on l'emploie pour la fabrication des robinets de plomberie et les pièces d'enjolivement des machines.

Le plomb rend plus facile le travail du laiton, car les proportions de celui-ci se maintiennent difficilement :

Cuivre	Zinc	Plomb	Étain
65	32	2.75	0.25

Cuir. — Il sert, le plus souvent, à confectionner les courroies ; mais il a également son application pour les pistons, les clapets, les soupapes, les tuyaux.

Pour la transmission de grandes forces, on le réunit en lanières superposées ou à talons sur les bords ; il faut placer la partie lisse (celle où étaient les poils) à l'extérieur, car l'autre face offre plus de résistance (1).

Matières à user et à polir. — Ce sont les briques, le verre pilé, le grès ou le sable, l'émeri, la potée d'étain, la pierre ponce, le rouge d'Angleterre, etc.

On agglomère l'émeri et on en confectionne des meules destinées à une série d'usages sur lesquels nous reviendrons (voir *Chaudronnerie*).

Les outils facilitant l'emploi de ces matières sont le polissoir, le rodoir, le lapidaire ; on trouve dans le commerce des papiers ou toiles émeri plus ou moins mordants et des papiers de verre ; on fixe ces matières à la colle forte sur leurs supports.

L'application la plus moderne que l'on ait fait des grains de diverses duretés, tamisés au travers de mailles offrant toute une série de grosseurs, est celle des machines dites à *jet de sable;* ces appareils exécutent une sorte de décapage, par petits chocs souvent répétés, des surfaces exposées au courant mixte d'air comprimé ou de vapeur sèche entraînant ces particules à angles vifs avec une très grande vi-

(1) Voir, pour les applications du cuir, le volume : ENGRENAGES ET TRANSMISSIONS.

tesse ; ils n'ont d'action efficace que sur les parties résistantes ; leur travail est moins sensible sur les corps élastiques tels que le caoutchouc, les gommes et autres compositions (1).

(1) Il sera parlé, lors du montage, des appareils des corps flexibles, matières grasses et mastics ; quant aux enduits, ils sont fort peu du domaine du mécanicien et ne sont cités que pour mémoire.

CHAPITRE II

TRAVAIL A LA MAIN OU A BRAS D'HOMME

L'**ajustage** à la main s'opère avec des outils simples et que le lecteur connaît déjà, pour la plupart.

Le **montage** ne demande le concours que d'un petit nombre d'outils et d'appareils ou agrès de levage.

Avant de procéder à l'ajustage d'une pièce, il faut la tracer, puis la fixer.

Dans les ateliers un peu importants, le **traçage** doit être confié par un ouvrier intelligent et ce poste ne peut être convenablement occupé qu'avec des facultés spéciales de soins habituels et de raisonnement, d'habileté à interpréter les dessins ou croquis, et d'expérience professionnelle, permettant de pondérer toutes les phases de travail que les objets à ouvrer devront subir ultérieurement.

Les outils à tracer sont (planche VI) :

Le *marbre* (fig. 107), plaque de fonte de forme circulaire ou rectangulaire, parfaitement dressée sur une de ses faces, et garnie de nervures à la partie inférieure pour la consolider parfaitement ; il vaut mieux le poser sur des supports en fonte que sur des pieds en bois à cause des déformations de ces derniers ;

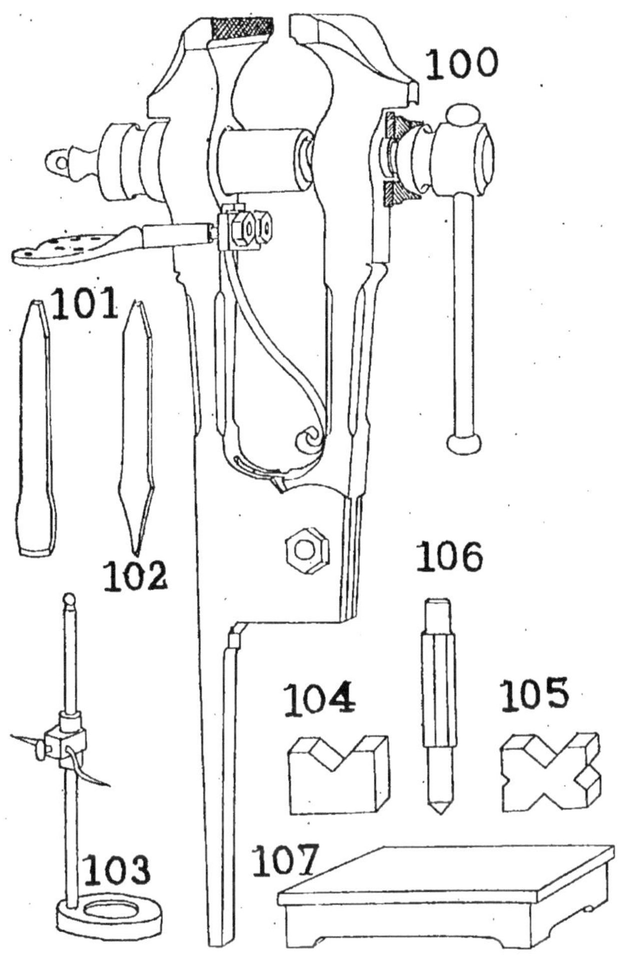

Planche VI (100 à 107).

Le *trusquin*, petite plaque parfaitement plane (fig. 103) au-dessus de laquelle une pointe d'acier peut prendre diverses positions sous l'influence de supports agencés en conséquence ;

Les *équerres* et *règles* de tous modèles ;

Les *pointes* à tracer, droites ou d'équerre ;

Les *compas*, à pointes droites, à verge, à quart de cercle à ressort, à onglet, les compas d'épaisseur, pour les dimensions extérieures ; les maîtres-de-danse, pour les cotes intérieures ;

Le *pointeau* (fig. 106), outil terminé en pointe moins aiguë que les pointes à tracer, et qui sert à centrer les pièces ou à rendre le tracé plus apparent ;

Les *supports* en V ou à entailles (fig. 104, 105) ;

Les *calibres*, préparés sur la forme des profils que l'on veut obtenir ; ils sont en cuivre, en tôle ou en fonte ; d'autres calibres, à coulisse, permettent de vérifier les mesures ;

Les *jauges*, pièces cylindriques ou d'autre aspect, auxquelles correspondent des anneaux ou des sections ayant exactement les mêmes dimensions. Dans les travaux de précision (contentons-nous de citer ceux de l'artillerie), leur variété est aussi grande que le nombre des périodes qui sélectionnent la manipulation totale des objets en œuvre.

On les fait, bien entendu, en acier ou en fonte très dure.

La fixation des pièces à l'ajustage desquelles on veut procéder se fait avec *l'étau ordinaire* (fig. 100) ; il se compose de quatre pièces principales : les *mors* ou *mordaches*, pouvant s'éloigner ou se rapprocher, l'un fixe, l'autre mobile, avec parties supérieures aciérées ; la *boîte*, à l'intérieur de laquelle avance la vis par rotation ; le *ressort*, dont le but est d'éloigner le mors mobile du mors fixe ; l'*attache* de l'étau sur la table ou sur tout support approprié.

Les étaux parallèles, d'importation étrangère et relativement récente, ressemblent à certains étaux de menuisier en ce que la mordache mobile, au lieu de pivoter autour d'un boulon, s'éloigne de la partie fixe jumelle dans un plan horizontal (fig. 119, 120, 121).

Ils se disposent, sur le bois d'un établi ou sur tout support convenable, par une première embase ronde S dans les oreilles de laquelle passent des boulons ou des tirefonds; la partie supérieure cylindrique de cette embase où, selon des portions de rayons, sont percés des trous, reçoit un collet C, ajusté à frottement doux ; au moyen d'une petite broche T, de longueur suffisante, il est possible de rendre solidaires l'embase B et le collet C en n'importe quel point de la circonférence ; c'est ainsi que cet étau est rotatif et qu'on l'empêche de tourner au point voulu.

Le collet C, porte la mâchoire fixe F dont le rôle est multiple ; elle a la forme d'un étrier dans la partie avoisinant le collet, pour laisser le passage du guide G de la mâchoire mobile et de la pièce A qui maintient l'écrou principal E de l'étau ; antérieurement, son prolongement sert encore d'appui au guide G ; enfin, au-dessus du guide les branches de l'étrier se réunissent et affectent le profil ordinaire des mordaches.

Il en est de même du guide G, dont l'extrémité avant constitue la mâchoire mobile ; en dessous de la mâchoire, une cloison transversale *c* reçoit la portée de la vis E, qu'une bague *a* et la tête retiennent de chaque côté de la cloison ; le guide est à section en U renversé ; par l'intermédiaire de la vis d'étau et de son écrou B, la mâchoire mobile est donc réunie au corps fixe de l'appareil.

A cet effet, l'écrou B, où se meut la vis de serrage, est pris entre deux portées de la pièce A et est lui-même terminé par deux petites butées légèrement convexes ; un axe horizontal D réunit l'écrou et la mâchoire fixe F ; l'écrou A, ayant légèrement du jeu dans le sens vertical ainsi que dans le collet C, est par conséquent libre en partie et reste bien dans le plan de la vis ; il est assuré de serrer convenablement contre le collet C et contre la mâchoire fixe F, ce qui empêche la rotation des parties pendant qu'on se sert de l'étau.

La figure 120 représente une coupe verticale par l'axe

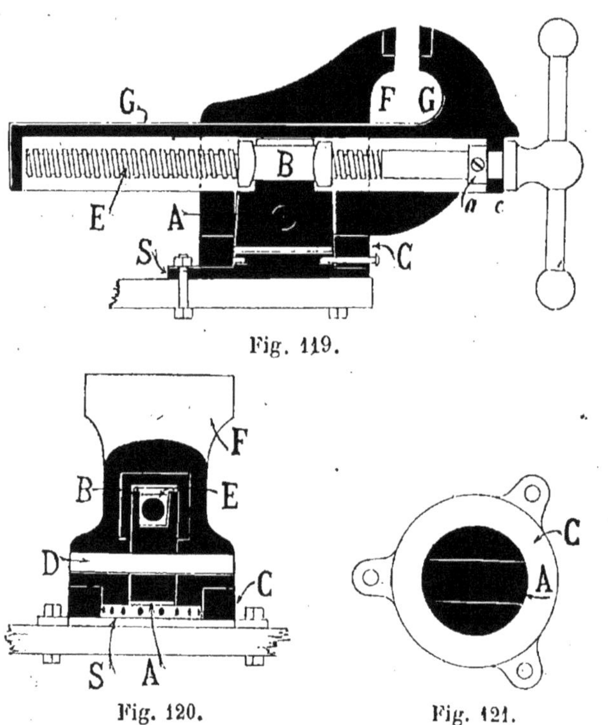

Fig. 119.

Fig. 120.

Fig. 121.

de l'embase ; F est la mâchoire fixe avec son collet C, dans laquelle coulisse le guide G en forme de V ; la pièce A est celle qui est ajustée au moyen d'un goujon transversal D et qui reçoit l'action indirecte de l'écrou proprement dit B, et de la vis E ; S est l'embase immobile sur laquelle s'opère la rotation de tout le système, avec ses trous de repère pour maintenir l'étau dans toute position angulaire horizontale qu'il convient.

Pour les petites pièces et pour certains genres de travaux, on se sert de l'*étau à main* et de l'*étau à griffes*.

En plus des marteaux plus ou moins lourds, les outils de travail par choc sont (planche VI, page 83) : le *bédane* (fig. 101), le *burin* (fig. 102), le *rivoir* ou outil à panne arrondie.

Il faut les forger en étirant le tranchant bien régulièrement et en lui donnant une légère convexité, sans jamais refouler ; on coupe à la tranche les parties défectueuses.

Pour les tremper, on chauffe, au rouge cerise, l'extrémité jusqu'à 1 ou 2 centimètres plus loin que le tranchant, en diminuant graduellement la chaleur du surplus ; on trempe dans l'eau en enfonçant l'outil verticalement, un peu au-delà de ce qu'il doit être trempé, et en le remuant à travers le bain.

Aussitôt que l'incandescence a disparu, ne plus baigner que 1 centimètre environ ; puis enlever la pièce du bassin, à temps pour faire revenir par la chaleur intérieure.

On arrête la couleur entre le jaune-paille et le bleu, selon la destination de l'outil, et on la fixe en trempant rapidement et complètement jusqu'à ce qu'il soit tout à fait froid ; il faut faire revenir parallèlement au tranchant.

Les taillants trempés sont ensuite aiguisés à la meule qui leur enlève la première croûte, toujours plus dure et cassante.

Les *limes* sont des outils à entailles multiples que l'on distingue par la taille qu'elles ont subie ; il y a les grosses limes au paquet, bâtardes, demi-douces et douces. Comme forme, elles sont carrées, plates, demi-rondes, rondes, en tiers-point, selon leur section ; il faut avoir soin de croiser les traits en s'en servant.

Le *grattoir* est aussi quelquefois employé pour enlever des copeaux assez épais.

On fait encore usage de *scies à métaux* pour enlever des portions de métal.

Les petits trous percés à la main se font avec l'*arçon* et ses accessoires (conscience, porte-forets, forets et archet) ou avec les *drilles* à torsades ; les *vilebrequins* (planche II, page 15, fig. 31 et 32) simples ou avec engrenages et les porte-mèches de tous systèmes ont la même destination.

Le petit outillage d'ajusteur comporte encore des tournevis, des clés, des cés, des cliquets, des pinces, etc.

Outils américains. — D'un usage courant dans les ateliers des États-Unis, et commençant à se propager en Europe, ces outils suppriment la force musculaire de l'homme en utilisant l'air comprimé que l'on fait agir sur un piston relié au marteau, à la riveuse portative, aux perceuses de plus ou moins de force.

On fait avec ces outils, en 8 ou 10 minutes, des opérations nécessitant une heure à l'ordinaire.

La division des marteaux en deux classes est basée sur la façon dont la distribution a lieu ; tantôt il y a un distributeur spécial ; tantôt c'est le fonctionnement du piston lui-même qui règle la dépense d'air.

Ces derniers sont dits à course courte ; ils sont plus simples ; ils donnent de 10,000 à 20,000 coups à la minute mais ils occasionnent d'assez désagréables vibrations dans la main ; ceux à soupape sont plus lents : 1,000 à 2,000 coups ; leur longueur est plus grande et ils développent plus de puissance par coup.

L'air agit à la pression de 4 à 8 kilogrammes par centimètre carré. On en dépense de $0^{m3}30$ à $0^{m3}70$ environ, pris à la pression atmosphérique, par minute.

Il en existe plusieurs systèmes : Ross, Little Giant, Boyer, Rinsch, Hartham et Moore, Parfitt, et autres, parmi lesquels nous choisirons l'un des plus connus pour en donner une description (fig. 122). Leur poids est de 4 kilogrammes en moyenne. Leurs dimensions varient avec le travail à effectuer :

a. Gros et lourds travaux ; pose de rivets jusqu'à 22 millimètres ;

b. Ébarbage et burinage des lingots d'acier, rivetage léger ;

c. Ébarbage et burinage des pièces de fonte, chanfreinage des tôles, affleurage des fers profilés, matage des joints, mandrinage des tubes de chaudières, abatage des têtes de rivets, etc. ;

d. Petits travaux métallurgiques, ébarbage du bronze et des pièces forgées, piquage des dépôts calcaires des chaudières, etc.

Ce marteau pneumatique se compose d'une poignée P portant deux soupapes et leurs sièges ; la soupape A, dite soupape de gorge, sert à l'admission générale de l'air sous pression ; elle

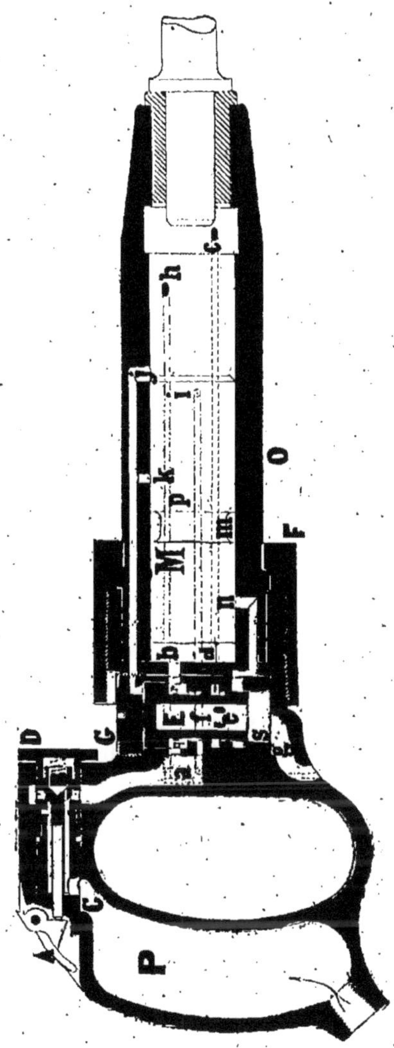

Fig. 122.

a un siège en deux parties C, D, et peut être actionnée par une détente à ressort A; l'autre soupape E est la soupape de distribution et de réglage (fig. 123 et 123 *bis*).

Cette soupape monte et descend dans un siège en acier S, retenu en place par un bouchon à vis G.

Le corps du cylindre travaillant O est maintenu sur

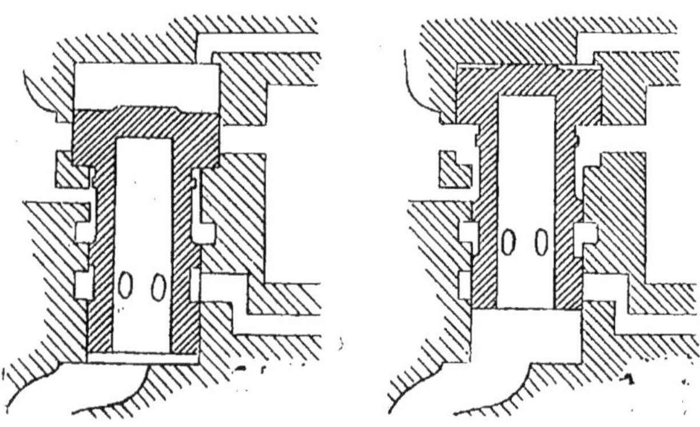

Fig. 123, 123 *bis*.

la poignée P par une fusée F, qui se visse sur cette poignée et l'y maintient par un épaulement; à l'autre extrémité, le cylindre O reçoit le bout de l'outil de travail.

Une série de trous, aboutissant sur la paroi interne du cylindre, font communiquer certaines parties de sa longueur (et de la course par conséquent) avec la soupape E ou avec l'atmosphère, par des passages pratiqués dans l'épaisseur du métal ; en voici la légende :

i, passage, en communication toujours directe avec l'air sous pression, allant de *a* vers le milieu du cylindre ;

j, passage menant du haut de la soupape jusqu'à un point d'équerre avec le précédent, et situé un peu plus vers l'outil ; une ouverture supplémentaire K débouche du canal *j* dans le cylindre ;

c, canal d'extrémité venant communiquer avec un espace annulaire *d* de la soupape de distribution ;

n, passage d'évacuation arrière du piston, se terminant au pourtour de la soupape E, vis-à-vis des ouvertures *e* ;

p, ouverture supplémentaire donnant dans l'évacuation directe à l'air libre *h* ;

h, passage d'évacuation dans l'atmosphère aboutissant sur le cylindre entre *j* et *c* ;

m, petite chambre formée par un rétrécissement du piston M ;

a, trou dans le siège S de la soupape de réglage ;

b, passage traversant, vis-à-vis de *a* (quoique un peu plus haut), le siège S et le fond du cylindre O ;

d, chambre annulaire du siège S allant par un petit canal en *c* ;

e, ouvertures du corps de soupape E, communiquant avec l'évacuation par le centre *f* et par *g* ;

g, sortie de l'air par le manche P ;

q, renflement de la soupape E destiné à amortir le choc, quand elle retombe sur son siège, en emprisonnant un petit volume dans *r* ;

t, bossage de butée de la soupape E.

L'automaticité dans le travail et la diminution de l'effort de vibration résultent du fonctionnement ci-dessous décrit.

En appuyant, avec le pouce, sur le petit levier A, on ouvre la soupape d'admission B et l'air se répand autour de la soupape, sous son plan d'assise ; la pression la projette ainsi verticalement ; l'air commence à entrer dans le cylindre par *q* et *t*, dans une sorte d'avance à l'admission, puis en grand par le trou supérieur ; le piston M sera donc poussé violemment sur la tête de l'outil R.

Mais, avant la fin de cette course, le rétrécissement *m*

sera passé, simultanément, en regard de i, où s'exerce la pression constante, et de j, qui conduit au dessus de la soupape E ; il y aura communication et celle-ci sera, par suite, soumise, sur toute sa surface supérieure, à la pression initiale, qui la fera redescendre sur son siège.

Au moment où E sera dans sa position basse, l'extrémité avant du piston M sera soumise à l'action de la pression d'air par c, d au pourtour de la soupape, et par a; ce piston sera, dès lors, sollicité pour effectuer sa course en arrière, à la suite de laquelle il sera prêt à donner un nouveau choc.

Il faut néanmoins opérer automatiquement la sortie de l'air comprimé tant au-dessus de la soupape que devant le piston. A cet effet, considérons le mouvement de recul du piston M : on voit que l'évacuation est ouverte sur la face arrière par n, e et g, mais qu'elle est fermée, avant la fin de course, lorsque n est obstruée par le piston, afin que le choc soit réduit par le coussin d'air emprisonné contre le fond du cylindre.

Quant au volume sous pression, dont la détente a provoqué le retour vers la poignée, il partira, dans le mouvement suivant en avant : 1° par h qui a été découvert au commencement de la course arrière et aboutit dans l'atmosphère ; 2° par c que la levée de la soupape fait communiquer avec g par d et e ; il est d'ailleurs à remarquer que le retour du piston, en arrière, nécessite une bien moindre dépense de fluide puisqu'il a lieu à vide.

La purge de la soupape et sa levée, qui en est le résultat, ont lieu pendant le retour du piston M en arrière ; en effet, au moment où la capacité m passe devant k, il y a communication, de son fait, entre k et p où ne règne que la pression atmosphérique. Par conséquent, non seulement l'air en tension intercalé au dessus de la soupape trouvera issue à l'air libre, mais en outre la pression constante, s'exerçant par *a* sous la soupape, la soulèvera jusqu'à ce que *t* vienne à toucher le sommet G. Avant le dégagement de *h*, la soupape E était maintenue sur son siège parce qu'elle offrait, à la pression, une plus grande surface en haut qu'en dessous.

Haut et bas, les chocs de la soupape E sont amortis : dans l'ascension, par l'obstacle à l'échappement de l'air (par *j*) que fait le bossage *t*; dans la descente, par le tampon d'air *r* formé par le diamètre *g*, légèrement inférieur à la portée de la soupape E.

On règle la force du choc sur la tête de l'outil d'abord par l'accès plus ou moins libre de la pression dans le marteau par le doigt A; puis par le jeu des deux parties C et D, composant le siège et le guide de la soupape d'admission B; C est fixée, immobile, sur le manche P, tandis que D, vissée sur C, permet d'avancer ou de reculer les orifices de passage de l'air en regard du canal menant à la soupape E. Une ouverture convenable peut donc être donnée à l'admission de l'air, qui y sera laminé.

Cette soupape B est équilibrée; un petit trou établit la pression à l'arrière; un ressort l'applique sur son siège aussitôt que le chien d'enrayage A est abandonné.

En résumé, l'ensemble de deux courses inverses du piston peut se diviser en 6 périodes distinctes :

(Ouverture de B; levée de la soupape E; impulsion de M en avant).

Course utile : 1° Purge supérieure de E par *j* puis par *h*, *m*, *p*;

Échappement du cylindre avant par *h*, *c*;

2° Aveuglement de *h*;

Fermeture de E par *i*, *j*;

Choc;

Commencement d'échappement du cylindre arrière par *n*;

Course de retour : 3° Entrée de l'air en pression par *c*;

Maintien de E sur son siège par *i*, *m*, *j* ;
Échappement du cylindre arrière par *n* ;
4° Ouverture de *h*, échappement avant par *h* ;
Échappement arrière par *n*;
5° Purge de E par *p*, *m*, *k* ;
Levée de E et avance à l'admission par *b* ;
Commencement de fermeture de *n* par E ;
Échappement avant par *c*, *d*. *e*, *g* ainsi que par *h* ;
6° Fermeture de *n* par M, compression arrière ;
Échappement avant par *c*, *h* ;
Maintien de E contre la butée haute ;
Nouvelle introduction par *b*.

Des essais effectués par la compagnie du Chemin de fer de l'Ouest, avec certains de ces outils pneumatiques, et de renseignements obtenus sur leur emploi dans de grands chantiers de construction, on peut citer les résultats suivants :

L'air comprimé ayant une pression de 7 kilogr. par centimètre carré, un marteau pesant 9 kilogr., du type à longue course, a servi à poser des rivets de 22 millimètres sur une chaudière de locomotive; la durée d'une opération n'était que de *28 secondes*.

Avec un marteau de 4 kilogr. 6, on a buriné :

1° Une plaque de cuivre rouge de 30 millimètres ; le copeau qu'il enlevait avait une section de 30 $\times$ 30 et on abattait 1 mètre de longueur en *7 minutes* ;

2° une tôle d'acier pour plaque à tubes de 20 millimètres ; la section du copeau était de 20 $\times$ 20 et il tombait 1 mètre de longueur en *20 minutes*.

Ces expériences font ressortir l'économie considérable que l'on peut réaliser quand on a l'air comprimé à sa disposition, soit d'une installation particulière, soit d'une canalisation publique, comme à Paris.

CHAPITRE III

AJUSTAGE MÉCANIQUE

Perçage. — On pourrait établir une division entre les machines à percer à bras ou à pédale et les machines mues mécaniquement, par le moteur général; mais nous ne pensons pas qu'il y ait lieu de s'attarder à cette distinction, qui résiderait uniquement dans la puissance de l'appareil.

Pour percer le métal de part en part, on peut se servir ou de *poinçonneuses*, surtout employées en *Chaudronnerie* (voir le *volume spécial*) et dans les grands travaux d'art ou de bâtiment, ou d'outils donnant un mouvement de rotation à un *foret*.

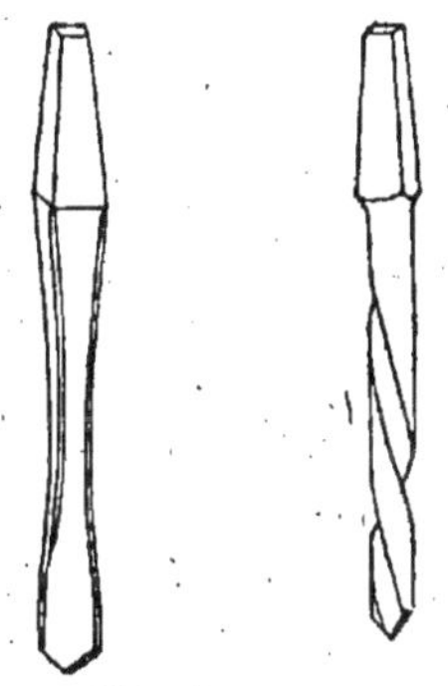

Fig. 124, 125.

Les *mèches* ou *forets* (fig. 124, 125) les plus simples sont ceux à langue d'aspic, de forme triangulaire ; on les place à l'extrémité du porte-foret qui est tantôt le nez de l'arbre lui-même et tantôt un mandrin spécial, et dans ce cas il faut les choisir de préférence sans parties saillantes, afin d'éviter les accidents autant que possible (planche VII).

Le tranchant n'existe que dans les parties inclinées; il ne doit pas être trop ouvert; s'il était, par contre, trop aigu, il casserait; *l'angle pratique* (fig. 113) *est 110 degrés.*

L'angle qui entaille le métal varie de *50 à 60°* (fig. 114)

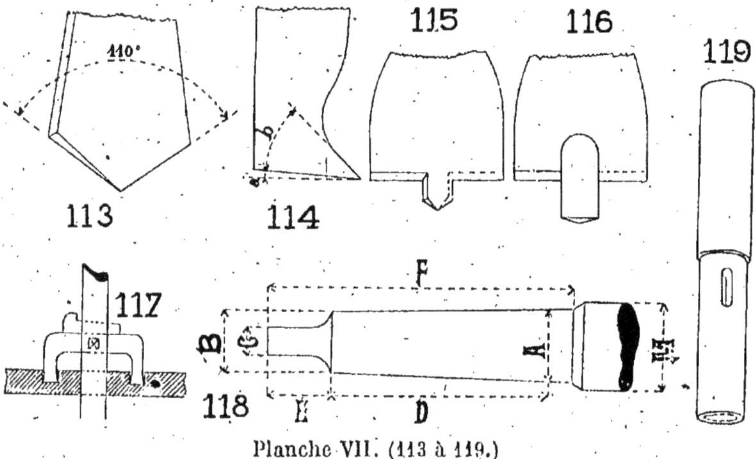

Planche VII. (113 à 119.)

selon la nature du métal à entamer, avec un *dégagement de 4°.*

Le perçage d'une pièce métallique, lorsqu'il se fait sans calibre, s'effectue ordinairement par une méthode d'approximations successives : l'ouvrier, après avoir marqué le centre du trou et tracé un cercle qui en indique le bord extérieur, engage la mèche et commence le perçage, mais sans atteindre le diamètre total du trou; il relève alors la mèche pour vérifier la position du trou par rapport au cercle tracé et, s'il constate une excentricité, il enlève un peu de matière au burin, de manière à provoquer une déviation de la mèche en sens inverse; l'opération est répétée, au besoin, plusieurs fois.

Avec la forme en langue d'aspic, c'est seulement quand une partie en est engagée que la mèche est centrée ; aussi, pour opérer avec plus de précision sur le fort coup de pointeau préalable, on fait usage d'une *mèche à centre* (fig. 115), portant une portion pyramidale qui commence un petit avant-trou ; les déviations sont particulièrement à craindre avec les matières poreuses, telles que la fonte.

Pour percer les trous avec plus de précision encore, on emploie un outil terminé par une portion cylindrique (fig. 116) ; il faut donc d'abord pratiquer une première ouverture de la dimension de ce petit cylindre qui guide, ensuite, exactement le reste de la mèche.

La mèche dite *américaine* (voir page 46), qui est dérivée des outils à bois, est terminée par deux tranchants en hélice ; l'affutage s'en fait tout simplement en meulant ces tranchants, le genre de la section de cet outil permettant bien le dégagement du copeau.

On fait encore usage des *porte-lames* de tous systèmes ; en principe (fig. 117), ce sont des lames de rapport emmanchées dans un porte-outil ; elles sont destinées à des trous de grande dimension, mais elles n'excluent pas le guidage par un avant-trou.

Les vibrations doivent être contrebalancées par un guide spécial, surtout pour la fonte et les alliages qui se percent à sec, alors que le fer et l'acier nécessitent un arrosage à l'eau de savon ou à l'huile ; on recommande cependant la benzine pour le bronze, surtout le bronze dur.

Quelle que soit la puissance de la perceuse, la *queue*, ou partie supérieure de l'outil qui s'engage dans le porte-foret, est agencée de façon : 1° à être entraînée par le mouvement de rotation, 2° à se centrer le plus rapidement et le plus exactement possible.

La section de la queue est généralement carrée dans les petits engins ; mais les constructeurs tendent de plus en plus à monter la queue sur un mandrin amovible (planche VII, fig. 119), et à adopter uniformément la forme appelée *cône Morse* (fig. 118).

Diamètre des mèches.	A	B	C	D	E	F
Millimètres.	Millimètres.	Millimètres.	Millimètres.	Millimètres.	Millimètres.	Millimètres.
5 à 15	12.50	9.5	5	49	12	66
15 25 à 23	17.75	15	6.25	56	16.5	78.5
23.25 à 32	23.75	20.50	8	67	22	93
32.50 à 50	31.25	27	11.5	87	27	120
51 à 70	44.50	36.75	16	117	30	150

Ces mèches s'ajustent dans des mandrins pourvus d'une rainure correspondant au haut de la queue et par laquelle on peut chasser le foret au moyen d'un biseau.

Les emmanchements carrés ou coniques ne sont pas les seuls que l'on rencontre dans l'industrie ; il y en a une variété considérable engendrée par les idées spéciales à chaque constructeur ; les meilleurs sont ceux qui se centrent et s'enlèvent rapidement sans provoquer de matage et de dégâts aux mandrins ou autres porte-forets.

Les *machines à percer* sont fixes ou mobiles, murales ou indépendantes ; parmi ces dernières il y a encore les perceuses à axe fixe et les radiales, dans lesquelles le porte-outil peut tourner autour d'un pivot central, alors que la pièce à travailler reste immobile quels que soient le nombre et la position des trous à pratiquer.

Dans toutes ces dispositions, l'outil doit être animé d'un mouvement de rotation plus ou moins rapide, et d'un mouvement vertical de montée ou de descente pour donner la pression à l'outil.

La *vitesse à la circonférence*, soit pour un outil tournant, soit pour une pièce qui se présente devant lui, est :

Fer...........	de	80 m/m à 160 m/m par seconde.			
Acier.........	de	30	—	40	—
Fonte dure....	de	7	—	14	—
Fonte ordinaire	de	60	—	70	—
Bronze........	de	100	—	180	—

On obtient la variation dans la vitesse de rotation au moyen de transmissions et de mouvements à double engrenage et autres ; la pression s'obtient par des leviers, des pédales ou des écrous ; mais dans tous les cas, il faut maintenir l'arbre dans une position parfaitement verticale, avec coussinets à rattrapage d'usure, si possible, eu égard en cela au prix que l'on adopte comme limite.

L'*avancement* doit être proportionné à la dureté du métal ; il varie de 0 m/m 1 à un demi-millimètre par tour du foret.

Pour serrer le foret contre la pièce, beaucoup de machines ont un mouvement de descente automatique ; il faut donner la préférence aux combinaisons où la pression est uniforme, plutôt qu'à celles où le serrage est brusque, tel que les cliquets, pour ne citer qu'un exemple, et ne peut avoir lieu, forcément, que par le jeu et l'élasticité des organes.

La pièce qu'il s'agit de percer est retenue en place de différentes façons : plateau fixe ou mobile verticalement, étau, plateau tournant à rainures, chariot longitudinal et transversal, etc ; l'outillage accessoire nécessaire, tant sur les tables des perceuses que sur les tables d'autres machines-outils, comporte des blocs extensibles (planche VIII, fig. 120), à coins (fig. 121), des vérins de calage à vis (fig. 122), ou à rotule (fig. 123), des pinces articulées à hexagone excentrique (fig. 124), des mâchoires articulées, donnant un serrage énergique et appliquant bien exactement la pièce sur la table sans la soulever (planche VIII, fig. 125).

Les petites *machines fixes* de précision les plus simples

sont du genre à colonne, où l'arbre porte-mèche est commandé directement par la courroie; elles percent avec rapidité et exactitude; l'arbre peut être équilibré par un ressort ou par un contrepoids; il est, généralement, descendu à bras par une série de leviers et d'engrenages, de sorte que l'ouvrier, éprouvant nettement le sentiment de la résistance du métal, peut retirer vivement le foret pour

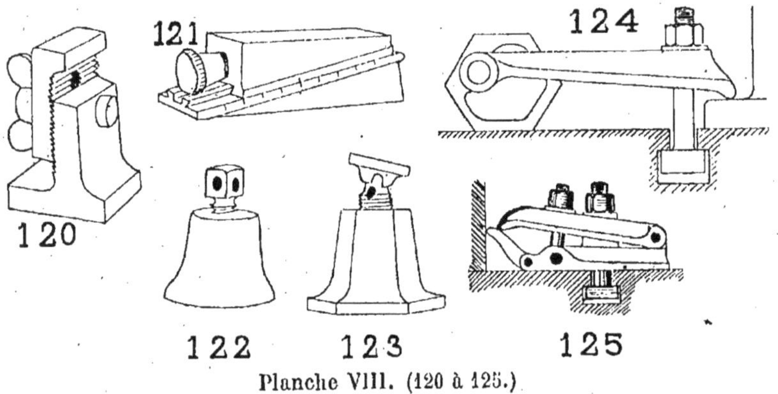

Planche VIII. (120 à 125.)

dégager les copeaux ou le relever complètement après l'opération.

On réunit quelquefois, sur une même colonne, deux ou plusieurs mécanismes de perçage, portant des forets pouvant varier de diamètre; l'exécution des trous a lieu sans déplacement de la pièce; dans ce cas, on a avantage à la fixer au moyen d'appareils à centrer.

Un autre groupe de machines à percer comprend celles où l'avancement de l'outil est provoqué par le mécanisme.

La commande de l'arbre porte-mèches a lieu par cône à étages et par roues d'angle; l'arbre porte-foret est guidé, verticalement, vers le haut, dans une boîte en bronze logée dans le bâti et, vers le bas, dans une seconde boîte fixée dans une poupée, qui se déplace le long d'une glissière prismatique, faisant partie du bâti.

C'est cette poupée qui, par son déplacement, donne l'avance à l'arbre porte-foret qu'elle entraîne; cette avance a lieu automatiquement, au moyen d'embrayages variés, ou à la main par un petit volant de manœuvre ; on monte ou on descend plus rapidement, en agissant sur des crémaillères après débrayage préalable de l'avancement automatique.

Autant que possible, il faut faire porter par la machine le réservoir à eau de savon.

Les machines radiales se construisent de façon à faire, avec le bras du chariot, tantôt un tour complet, tantôt une fraction seulement de la circonférence ; dans le premier cas, la commande a lieu, dans le haut, par cône étagé et roues d'angle, de position invariable pour correspondre aux poulies de la transmission générale ; autrement, on peut fixer le bâti sur une plaque murale ou sur un bâti indépendant ; la volée se déplace automatiquement ou à la main soit en hauteur, soit angulairement.

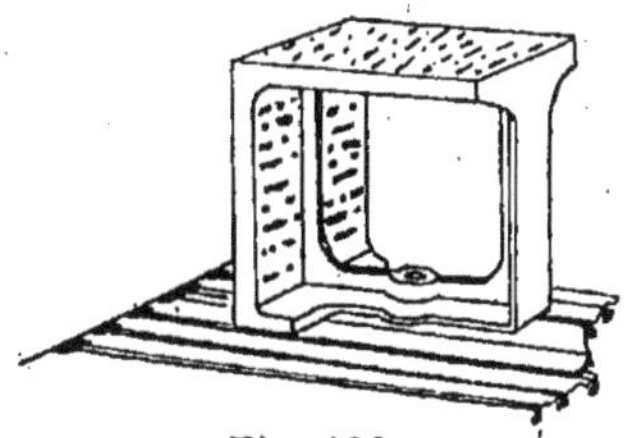
Fig. 126.

Le cône à vitesses graduées peut alors être placé en tout endroit du bâti qu'on juge convenable et des séries d'engrenages droits ou coniques donnent le mouvement à tout organe de la perceuse qu'on désire.

La table sert, la plupart du temps, de pied principal à la machine ; la plaque d'assise doit être cannelée de rainures pour la fixation immuable des pièces ; la table proprement dite, se boulonnant sur la plaque d'assise, quand il y en a une, se fait cubique, avec des coulisses sur la face supérieure, et sur les faces latérales, ou de toute autre forme évidée plus légère, lorsqu'elle ne constitue qu'un support volant (fig. 126).

La colonne, autour de laquelle pivote la volée, se boulonne sur la table; selon les cas, une crémaillère, une vis longitudinale permettent de monter et de descendre la volée, le long de guides à chanfrein, contre lesquels a ensuite lieu un serrage énergique, lorsque l'outil atteint sa position.

La rotation de la volée s'exécute de deux façons : la colonne est munie de colliers permettant au bâti qu'elle supporte de tourner; ou bien c'est un chariot vertical dont les extrémités servent de supports aux pivots de la volée.

Ordinairement la volée est en fonte, évidée pour le passage des crémaillères, arbres et transmissions quelconques commandant les mouvements du chariot porte-outils; mais on la fait également par assemblage de fers profilés, surtout pour les longues portées, et on l'équilibre quelquefois par des contrepoids.

Sur cette volée, chemine le chariot porte-foret; il est réuni à la volée le long d'arêtes en chanfrein, avec règles de serrage, ou par des galets pour des travaux moins précis.

Beaucoup de combinaisons sont possibles dans le but de procéder économiquement au perçage des pièces sans grand déplacement de celles-ci ou des organes lourds de la radiale; c'est dans cet esprit que, sur le chariot porte-volée, celle-ci se fixe parfois de façon à permettre une inclinaison, par rapport à la verticale, sous des angles variant jusqu'à 30 degrés à droite ou à gauche et que, dans un plan d'équerre au mouvement ci-dessus, l'arbre porte-foret peut, de même, recevoir des inclinaisons de 30 degrés.

Le relevage rapide de l'arbre porte-foret doit être prévu; on emploie pour cela des contrepoids ou des ressorts fonctionnant automatiquement dès le débrayage du mouvement de descente.

Les mêmes dispositions pourraient s'appliquer à des perceuses à foret horizontal; mais leur emploi est peu fréquent et elles rentrent plutôt dans la catégorie des fraiseuses ou des machines à aléser.

Ce à quoi il faut surtout veiller, pour le choix et l'entretien de tous ces appareils, c'est le jeu résultant de la construction plus ou moins bonne ou de l'usure en cours de marche.

Relativement au forgeage et à la trempe des forêts, tout ce qui a été dit (page 87), à propos des burins d'ajusteur, peut être répété ici; il faudra néanmoins prendre le soin, lors de la trempe, d'égaliser au préalable, à l'air, la température des aspérités, généralement plus chauffées.

Les taillants trempés doivent être repassés à la meule et il existe, pour ce travail, des machines spéciales avec meule d'émeri, dans lesquelles il n'est besoin d'aucun réglage; quel que soit le diamètre des mèches, le taillant est donné sous les angles classiques indiqués; certaines sont même munies de pompes et tuyauteries indispensables à l'alimentation de la meule.

Les machines à percer amovibles peuvent être actionnées, principalement, par une transmission ou par l'air comprimé et, dans ce dernier cas, le travail qu'elles produisent est considérable.

1° Un genre de machine portative à corde consiste (fig. 127, 128, 129), en un appareil où sont, en petit, réunis la plus grande partie des mouvements signalés à propos des machines fixes; c'est donc une excellente occasion de la décrire en détail.

Elle est spécialement utilisée pour percer des trous en séries situés sur une ligne droite et, à cet effet, elle se fixe sur un longeron bb', formé de deux fers parallèles à proximité de la pièce à ouvrer, chaudière, poutre, membrure de navire, etc.

Cette facilité de déplacement et de pose donne une grande économie dans le travail, celui-ci ne nécessitant pas l'exécution à l'atelier, avec la mise en œuvre (et le temps perdu qu'elle comporte) des engins de transbordement.

Une première assiette approximative ayant été donnée à la machine sur ses guides en serrant l'écrou *a*, on l'amène en regard du coup de pointeau (ou du trou à aléser ou à tarauder, selon les cas, par la manette E qui commande un excentrique fonctionnant librement pour faire avancer ou reculer le canon A tant qu'il n'est pas retenu en place par l'écrou *c*. Une fois ce maintien obtenu, le porte-outil est plus ou moins porté, dans un sens perpendiculaire au longeron bb', par une vis V et solidement assujetti en longueur par une poignée de calage à vis V'.

Cette vis V' a comme butée un piston cylindrique F terminé par une chape, entre les bras de laquelle le porte-foret est fixé par des axes V'', sur lesquels il peut osciller d'un angle sensible = 60 degrés ; il garde l'inclinaison désirée au moyen de la clavette trapézoïdale C.

Lorsque l'on doit laisser le foret dans une direction normale au plan du longeron bb', une goupille *d* assure l'exactitude du perçage.

Le porte-outil est animé des deux mouvements ordinaires de rotation et d'avancement, puis de relevée rapide au moyen des dispositions très simples suivantes : une poulie à gorge X, à emmanchement conique, est ajustée sur une bague concentrique à l'arbre Y et liaisonnée sur elle par un écrou ; cette poulie est en correspondance avec deux renvois ff' dont l'écartement est variable, grâce à l'agencement représenté par le dessin, ce qui fait voir que la vitesse du foret est fonction du diamètre de la poulie X et peut, par conséquent, changer selon le métal ou le travail en vue, en modifiant cette poulie.

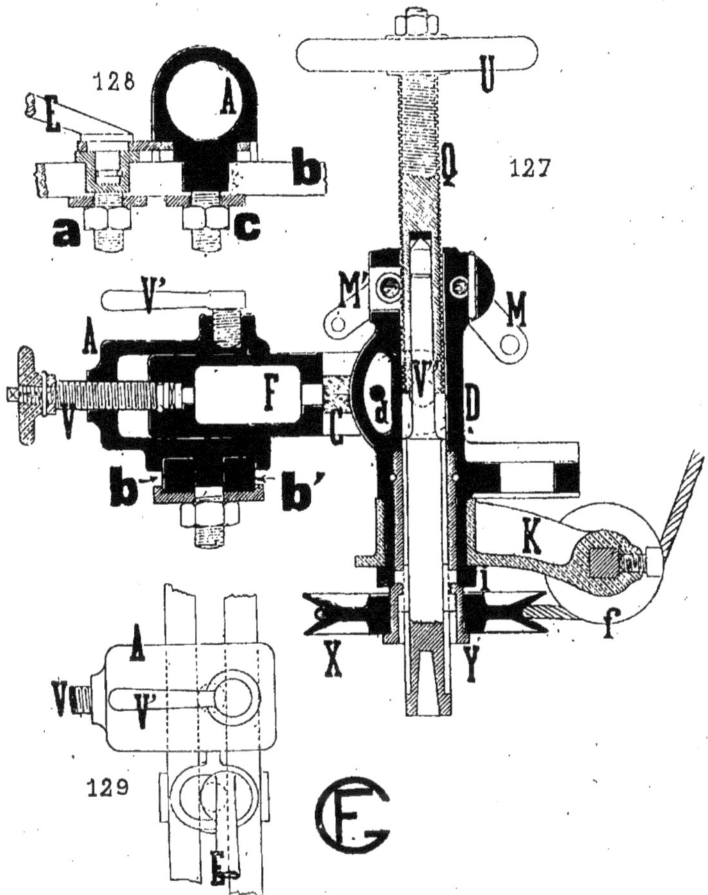

Fig. 127, 128, 129.

Sur les gorges de ces trois poulies passe une corde de transmission de mouvement que, selon la disposition de la transmission générale, on peut faire venir sous l'angle nécessaire et régler par l'écrou I, qui fixe le support K dans la position voulue.

A l'intérieur de la bague Y sont deux petites clavettes rivées servant à entraîner et à guider en hauteur l'arbre porte-foret.

Le porte-outil proprement dit est une pièce de bronze D recevant, à la partie inférieure, les organes que nous venons de décrire ; un peu au-dessus d'eux, est une sorte de plateau destiné à supporter le réservoir à eau de savon ; il est maintenu entre les bras de la chape de la façon que nous avons dite et, à la partie supérieure, il est fendu afin de former ressort ; le but de cette dernière disposition est de tenir écartées les mâchoires, ainsi formées, par une manivelle M, actionnant un axe à vis de pas contraires, et de pouvoir alors remonter vivement le foret par la seconde manivelle M' qui actionne, par une petite roue dentée, la vis à filets carrés P faisant office de crémaillère verticale.

Si, au contraire, on bloque les mâchoires au moyen de M, il est possible de donner au foret un mouvement lent de descente en tournant le volant supérieur V, boulonné sur Q ; car M' est, en ce cas, immobile et forme écrou pour ladite vis. Elle appuie donc sur le porte-foret, par l'intermédiaire d'un petit grain d'acier, et le force à coulisser entre les tétons de la bague Y ; il est bon de remarquer que le sens du filetage de Q est choisi de manière à ce que, si la rotation a tendance à faire tourner cette vis Q, par une circonstance quelconque, elle doive se *desserrer*, et à éviter ainsi une rupture du foret ou d'un organe quelconque sous l'action de l'avancement anormal qui en résulterait autrement.

2° Les *foreuses* portatives *à air comprimé* utilisent la pression dans des cylindres, généralement au nombre de quatre (fig. 130, 131), où se meuvent des pistons P P' commandant deux à deux un petit arbre-manivelle M ; elles pèsent de 4 à 30 kilogr. et ont une vitesse de 2 à 300 tours en moyenne par minute; la lubrification s'opère tout naturellement, ces outils étant à bain d'huile intérieur, et il est

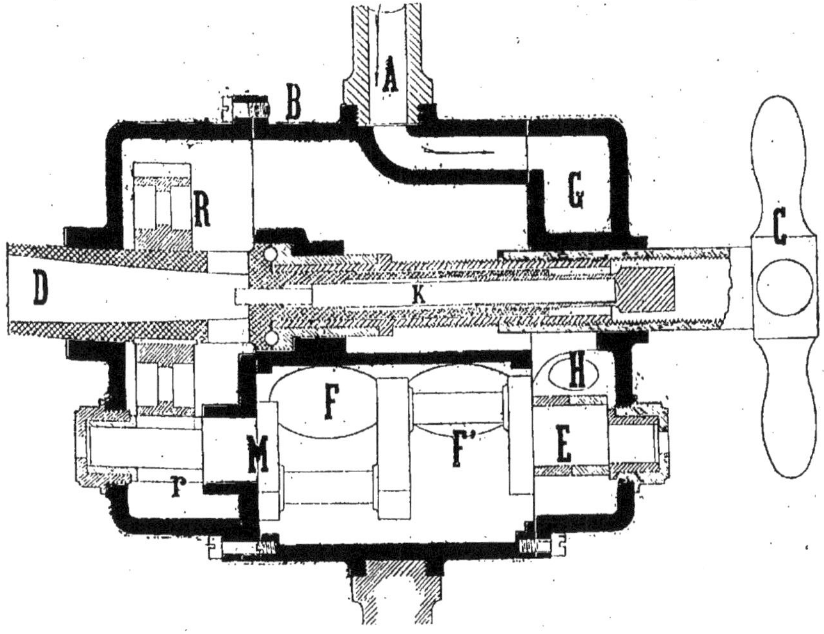

Fig. 130.

recommandé de ne jamais chercher à les démonter pour les vérifier ou les réparer, car cela ne peut se faire qu'avec des outils spéciaux.

Les axes des cylindres sont à angle droit, ce qui est une excellente condition de régularité, ainsi que nous l'avons vu dans le volume *Mécanique*, surtout pour le passage des points morts; la distribution de l'air est réglée par deux tiroirs cylindriques spéciaux T T', actionnés par l'arbre manivelle qui forme excentrique à leur hauteur E E'; ces tiroirs sont calés pour une admission pendant 5/8 de la course des pistons qui, la plupart du temps, sont à simple effet.

Tout le mouvement est contenu dans une boîte B hermétique sur laquelle font saillie : la tubulure d'arrivée de l'air sous pression A, ainsi qu'un manche plein symétrique, le croisillon C d'avancement du foret et le nez du porte-foret D ; F F′ sont les cylindres, T T′ sont les tiroirs ou soupapes ;

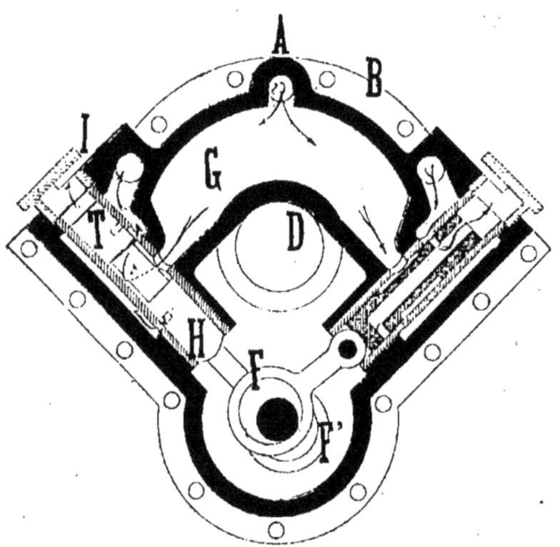

Fig. 131.

l'air, étant admis dans la chambre principale G par la tubulure A, qui peut être plus ou moins ouverte par une première petite valve d'accès très simple que l'ouvrier manœuvre à la main, arrive autour de la soupape, de diamètre réduit, et, de là, est distribué sur les pistons par des canaux fondus avec la boîte ; à cet effet, le tiroir cylindrique est entouré d'une chemise H percée de lumières convenables dont les flèches indiquent le jeu.

L'échappement se fait par l'intérieur de la soupape, qui est évidé et, de là, directement dans l'atmosphère par les trous ménagés dans les couvercles I.

De l'action de l'air sur les pistons et, par suite, sur l'arbre-manivelle, il résulte que celui-ci agit sur la roue dentée R qui engrène avec le pignon *r* venu de forge avec les manivelles, la roue est clavetée sur l'arbre porte-foret qui tourne par frottement à billes sur les parties fixes de l'appareil. Le mouvement d'avancement lui est donné par le croisillon qui est fileté et qui, en avançant, repousse le foret du point fixe contre lequel on le fait buter (quelquefois simplement la poitrine de l'ouvrier).

En outre, le croisillon sert à faire sortir le foret du nez du manchon, quand il vient appuyer sur la tringle intérieure K.

Des expériences officielles faites sur le travail de ces perceuses ont prouvé que le dudgeonnage de tubes de 45 millimètres durait 27 secondes; on a défoncé un trou d'homme de chaudière de locomotive de 400 millimètres en 15 minutes dans une tôle d'acier de 11 millimètres d'épaisseur.

Machines à aléser. — Lorsque l'alésage ne dépasse pas 2 centimètres, on l'exécute sur la machine à percer; au delà, on se sert de machines horizontales ou verticales particulières.

L'outil ou les outils sont animés des deux mouvements de rotation et d'avance; la pièce à aléser est immobile et fixée invariablement de diverses façons, selon ses formes ou son volume. L'arbre porte-outils devra donc avoir une dimension suffisante pour la longueur à aléser.

Les *vitesses* circonférencielles des outils à aléser sont moindres que celles des mèches :

Fer...............	60	millimètres	à	70	millimètres.
Acier.............	25	—	—	35	—
Fonte dure.......	6	—	—	12	—
Fonte ordinaire...	50	—	—	60	—
Bronze...........	90	—	—	150	—

L'avancement par tour varie, par contre, de 0 millimètre 2 à 1 millimètre ; il se donne au moyen d'un certain nombre de relais, ou roues d'engrenage de rechange.

S'il n'est pas nécessaire d'opérer l'alésage d'un seul coup, on réserve une petite quantité de matière qu'on enlève dans une passe plus soignée ; il faut surtout veiller à aléser toute la longueur d'un seul coup, sinon on s'apercevrait des reprises dans l'intérieur du cylindre.

A la suite de l'alésage, vient presque toujours le rodage, qui enlève complètement la trace des outils ; on l'exécute avec de l'émeri en poudre ; mais comme on déforme quelque peu le cylindre, malgré toutes les précautions prises, on compte, en définitive, sur la marche ultérieure du piston destiné à se mouvoir en frottant dans ce cylindre, le montage et l'essai finis, pour obtenir une surface absolument cylindrique circulaire.

Tours. — Dans la construction des machines, le tournage a pour but d'obtenir des surfaces de révolution ; au lieu de cercles, on a parfois besoin de confectionner des objets à sections variées, où l'axe se déplace parallèlement à lui-même ou sous des angles définis ; mais ces derniers sont trop spéciaux pour que nous nous en occupions ici.

Ils se divisent ainsi :

1° *Tours à pointes* simples dans lesquels le mouvement est donné directement par poulie et tournant de petites pièces ;

2° *Les tours à pointes et à engrenages ;* on donne à l'arbre une vitesse convenable, quelles que soient les dimensions des pièces et on n'est limité que par celles du tour ;

3° *Les tours à plateau*, pour les grands diamètres sur une petite longueur ; il faut donc que la vitesse y varie dans des proportions très étendues.

Ils servent aussi à l'alésage ;

4° *Tours parallèles et à chariot*, dans lesquels le tournage s'effectue automatiquement, une fois la pièce posée sur les pointes ou sur supports et l'outil réglé.

Dans tous ces tours, il est indispensable que l'arbre conserve une position absolument horizontale ; pour satisfaire à cette condition, on pratique un renflement conique ou de forme antifriction s'engageant dans une bague en acier ou en bronze dur fixée dans la poupée, comme ci-contre, (fig. 132); à l'autre bout existe une bague également

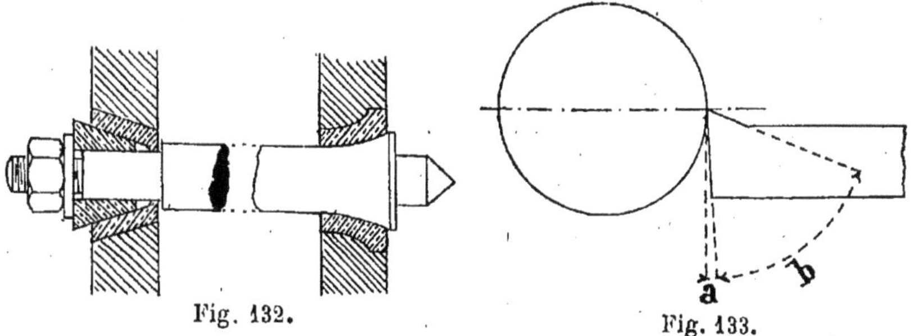

Fig. 132. Fig. 133.

conique. La partie de l'arbre qui supporte la butée est cémentée.

En principe, on distingue quatre parties principales dans les tours : *le banc; la poupée fixe*, à pointe ou à plateau (avec ou sans fosse) ; la *poupée mobile*, que l'emploi du plateau supprime quelquefois; le *support* de l'outil, fixe ou susceptible de mouvements divers.

La première condition à remplir pour les burins de tour, sans préjudice de leur section, c'est que le *tranchant* soit incliné par rapport à l'axe (fig. 133), pour que le copeau ne se brise pas ; on a reconnu que c'était ainsi que l'on dépensait le minimum de force motrice ; les angles doivent, comme dans les foreries, être

Fer et fonte. .	$a = 4$ degrés	$b = 51$ degrés
Bronze. . .	$a = 3$ —	$b = 66$ —

La *vitesse* du cercle où travaille l'outil varie selon que l'on exécute la première passe ou qu'on termine la pièce : par seconde, on prend pour

	Millimètres.		Millimètres.	
Fer..........	90 à 120	avec	180	pour finir.
Acier.........	60	—	180	—
Fonte dure....	50	—	50	—
Fonte ordinaire	50 à 100	—	150	—
Bronze........	200	—	250	—

A chaque tour, le pas de l'hélice d'*avancement* varie de 0 millimètre 2 à 1 millimètre 5 ; il est préférable de ne pas chercher à enlever de copeaux supérieurs à

10 millimètres	dans	la fonte.
7 —	—	le fer.
4 —	—	l'acier.
3 —	—	le bronze.

Ainsi qu'on peut le voir en diverses parties de cet ouvrage (page 71, en particulier), la question de vitesse des outils est intimement liée à la qualité de l'acier qui les compose.

Ce qu'il faut particulièrement rechercher, dans les tours, c'est un retour rapide du support et des agencements convenables pour éviter la flexion des pièces et surtout des arbres.

Avant de procéder au tournage, il est nécessaire de *centrer* soigneusement les objets; cela peut se faire simplement au pointeau ; d'autres fois on emploie des forets à centrer (fig. 134), en acier trempé, qui tournent circulairement et effectuent en même temps un avant-trou au fond et une fraisure pour la pointe; il y a encore des machines spéciales, mobiles et pouvant se porter sur la pièce à cintrer ou se fixer à l'étau (fig. 135).

Leur arbre est mû par une manivelle; non seulement ils donnent l'avant-trou et la fraisure, mais ils dressent légèrement le bord vertical de la pièce; les V de serrage présentent le centre du cylindre ou du cône automatiquement en face du foret; l'avance a lieu au moyen d'un petit volant à manette.

Tours-revolvers. — Les plus intéressants parmi les outils de tournage sont les machines à décolleter et les

Fig. 134.

tours-revolvers, eu égard à la variété des travaux qu'on peut exécuter avec eux et à l'économie qu'ils procurent. Ils sont munis d'un outillage simple, sont faciles d'entretien et atteignent un plus grand rendement que les machines, même celles-ci conduites par un bon opérateur.

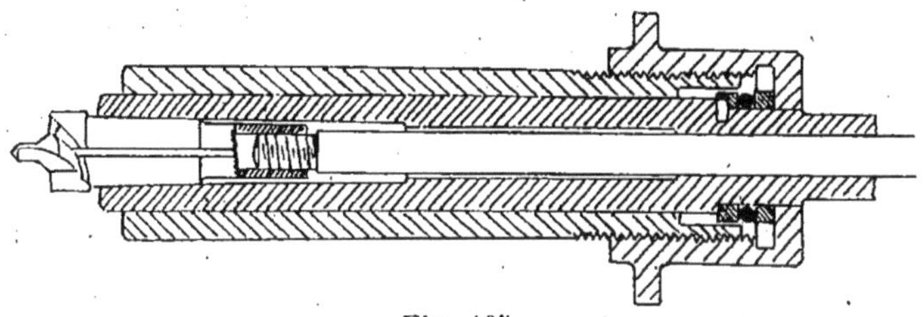

Fig. 135.

Ils fabriquent aisément tous les profils ci-dessous. (fig. 136 à 141).

Le tour-revolver se compose, d'un banc, sur lequel se meut un chariot porte-tourelle, et d'une poupée fixe (fig. 134), qui est munie de tous les organes nécessaires pour l'obtention d'un très grand nombre de vitesses différentes. Il n'y a pas besoin d'arrêter la machine pour passer de l'une à l'autre, les engrenages étant, de préférence, à embrayage à friction.

L'arbre est foré, de manière à pouvoir recevoir des

barres à l'intérieur; il est muni, à chaque extrémité, d'un mandrin puissant pour serrer ces barres.

La tourelle est à pivot et le milieu de sa hauteur est

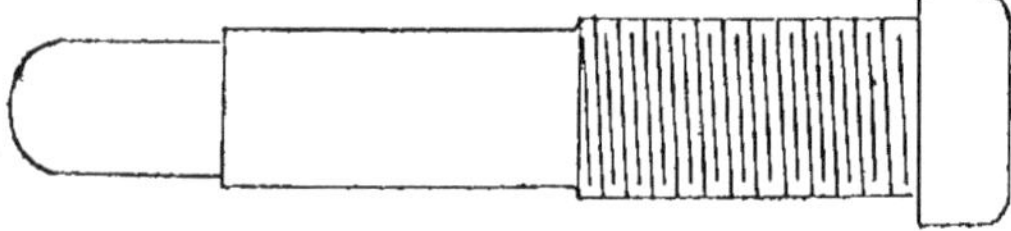

Fig. 136.

dégagé pour permettre aux barres de la traverser diamétralement. Un levier est installé à l'avant de la tourelle ; on

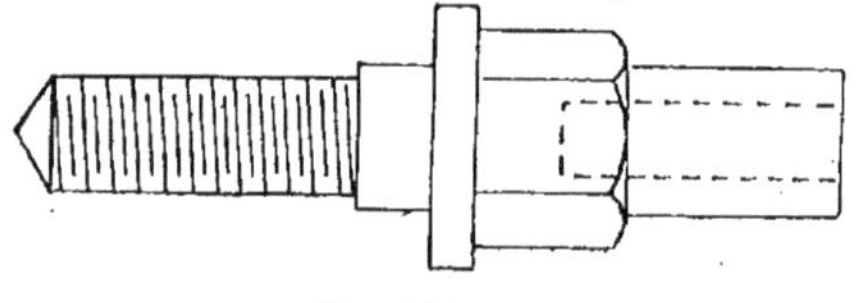

Fig. 137.

bloque celle-ci sur le chariot en le poussant dans un sens, tandis qu'en poussant le levier en sens inverse, on délivre

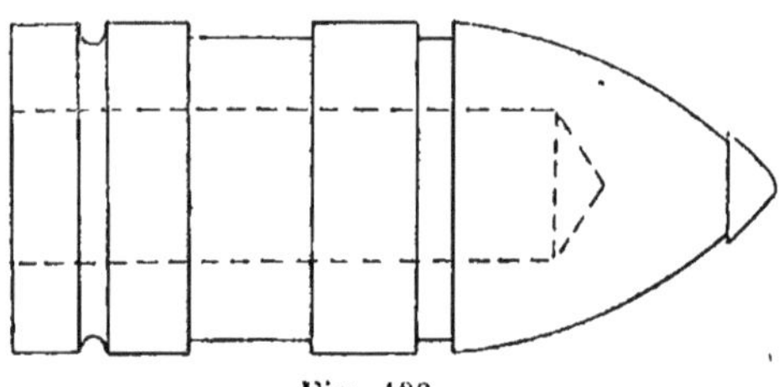

Fig. 138.

la tourelle et on la soulève, en même temps, légèrement des surfaces en contact.

On rend fixe la tourelle au moyen d'un verrou de calage, bouchon cônique pénétrant dans des ouvertures de même forme, sous la tourelle.

Les porte-outils sont fixés sur la surface de la tourelle; ils doivent se monter avec une correction absolue. L'avance automatique se pratique comme dans les tours ordinaires à chariot, mais, de plus, elle peut être arrêtée instantanément; l'arrêt automatique se fait avec des tringles de butée en nombre égal à celui des outils; elles débrayent à l'avance en n'importe quel point.

Les mouvements sont combinés de manière à ce que l'opérateur n'en puisse engager, toujours, qu'un seul à la

Fig. 139.

Fig. 140.

Fig. 141.

fois, à l'exclusion des autres; il n'y a donc pas possibilité d'accident.

Les opérations que l'on peut successivement exécuter avec ce tour, sans déplacement des pièces à travailler, sont celles qui s'exécutent chacune, ailleurs, sur des machines indépendantes.

Tournage proprement dit :

Amorçage;

Dégrossissage;

Finissage.

Forage;

Dégrossissage sur gabarit;

Tournage avec un outil de forme;

Filetage; Taraudage;

Tronçonnage;

L'objet à façonner, étant généralement pris à même la masse d'une barre brute qui peut avoir une longueur un peu forte, et quelle que soit la matière (fer, acier ou bronze), il est bon d'orienter, d'abord, l'axe de la machine non seulement en raison de la configuration générale de l'atelier, mais de façon à ce que la barre passe derrière le tour précédent.

La figure 146 montre, sans autre explication, qu'on peut gagner un espace considérable en plaçant le tour de biais et faciliter beaucoup la manœuvre de la barre sans gêner les ouvriers voisins; le renvoi est simplement un peu oblique par rapport à la transmission générale, ce qui n'a aucune importance.

L'outil ou *burin* dont on fait usage pour le dégrossissage et le tournage est simple et facile à confectionner ou à affûter (fig. 148) ; on le fait symétrique lorsque l'on désire qu'il travaille dans les deux sens : en allant et en venant, si la longueur de l'objet nécessite cette disposition.

A cause de l'effort que ce burin exerce sur la pièce, on dispose une glissière inébranlable vis-à-vis de lui et, de plus, on règle sa course, en ayant égard à l'épaisseur de la passe, dont le schéma est donné par les *figures* ci-jointes (142, 143 et 144).

Sur les pans de la tourelle on monte le porte-outil A, (fig. 147 et 150), au moyen de boulons; un épaulement *a*, correspondant exactement à un évidement de la tourelle, en assure la position invariable ; ce porte-outil est à glissières horizontales *b* et percé d'une ouverture *c* pour le passage de la barre. Il est en fonte et comporte également un support *d* et deux forts bossages *e e'*.

Dans les glissières en chanfrein *b*, peut voyager un étrier B, taillé dans un bloc d'acier; on le met en mouvement par le bouton *c*, qui se continue par une vis tournant dans le support *d*, après laquelle est une sorte de crémail-

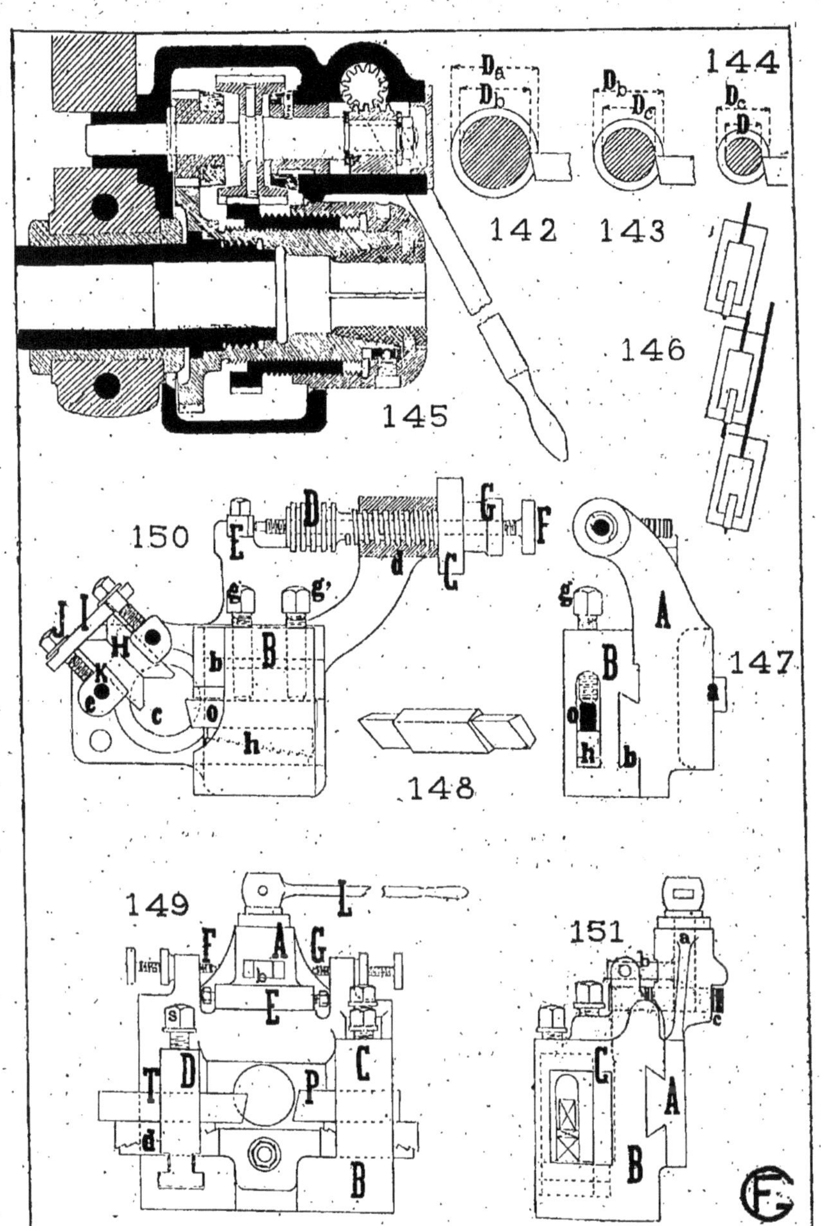

Fig. 142 à 151.

lère D, actionnant un petit arbre par lequel le renvoi se fait au chariot B ; en manœuvrant C et sa vis, il y a un déplacement dans le sens convenable qui pousse et la crémaillère et le porte-outil *dans la même direction ;* le diamètre limite se règle ainsi facilement.

A cet effet, il existe une butée fixe E, retenue en place par des prisonniers, et une butée réglage F, formée d'un bouton et d'une vis traversant tout le centre de D, avec contre-écrou d'immobilité G. Il est ainsi permis de reculer le burin (pendant le retour), sans trace selon une génératrice, et d'avoir la certitude de le ramener dans la même position, pour le travail d'une autre pièce.

Le burin O est solidement maintenu en place par deux vis de calage *gg'* et un coin réglable en hauteur *h* ; une fois ce réglage opéré, cette hauteur restera donc invariable pour tous les diamètres.

A l'autre extrémité du diamètre, par rapport à l'outil, ainsi que dans une position parallèle à lui, la pièce est fortement butée par deux touches en acier H H', mobiles dans des rainures de *e e'*, taillées en onglets différents (variables avec les diamètres) ; ces touches sont réglées de position par un étrier I faisant charnière autour de l'une des vis J et qui peut de la sorte découvrir ces touches H H'.

Les touches, enfin, sont rendues immobiles par deux vis à violon K K' ; pendant le mouvement, elles se comportent aussi un peu comme brunissoirs. Leur solidité est suffisante, dans les machines fortes, pour soutenir des passes de 35 milimètres.

Sur un autre pan de la tourelle, on monte un chariot servant soit au tronçonnage, soit, auparavant, à profiler selon des outils de forme ; le chariot de tronçonnage est, dans ces deux buts, muni de deux porte-burins mobiles (fig. 149, 151) et coulisse dans une glissière à onglets, grâce à laquelle l'un ou l'autre vient en prise avec le métal.

La partie fixe A est boulonnée sur la tourelle, avec le même ergot de repère que le porte-burin ; elle est percée vers son milieu d'une ouverture pour la barre et elle est surmontée d'un bossage vertical, que traverse un axe a manœuvré par un levier assez long L ; fixé à demeure sur a, il existe un bras b et une roue dentée c, dont nous allons voir la destination.

La partie mobile B, voyageant horizontalement sur A par sa face postérieure, pour mettre en contact tantôt l'un, tantôt l'autre des outils, a l'aspect général d'un angle rentrant à 3 plans ; la borne fixe de droite C reçoit l'outil à profiler, de forme plus ou moins compliquée P, maintenu par deux vis et par cale à coins dentés ; le burin à tronçonner T est porté par une borne D, mobile parallèlement à l'axe de la pièce sur tour et qui peut être fixée invariablement dans sa rainure inférieure par une cale conique à dents d et une vis s.

Dans le haut de B, existe le dispositif de réglage, comportant une crémaillère E, mue par L et c, et deux butées F, G, servant de tocs à b ; F et G sont de simples vis avec têtes et contre-écrous molletés. On saisit bien les mouvements qui vont s'opérer par la manœuvre initiale de L dans un sens ou dans l'autre : la pièce étant profilée avec P, on la sectionne ensuite avec T qui vient très près du mandrin de la poupée fixe.

S'il est nécessaire, on garnit le trou de la tourelle de buselures soutenant énergiquement l'objet façonné.

Pour exécuter des filets à vis, à l'extérieur, on emploie un cinquième porte-outil appelé filière à déclanchement automatique ; le taraudage peut se faire avec un peigne, considéré comme outil de forme, monté sur un des porte-outils précédents.

Les coussinets, saillants sur leurs mordaches afin d'atteindre l'embase même de la pièce à fileter, sont automatiquement mobiles et s'ouvrent lorsque cette pièce rencontre une butée intérieure ; on peut aussi les dégager en manœuvrant une poignée extérieure. Afin de façonner les filets en deux passes, une de dégrossissage et une de terminaison à hélices très nettes, un deuxième petit levier, muni d'une aiguille à index, permet de serrer plus ou moins les mordaches et de les assujettir pendant le travail par un bouton molleté ; entre les deux positions limites, et la butée intérieure étant enlevée, cette dernière poignée n'a plus d'action et l'on peut alors fileter telles longueurs que l'on désire, en ne se servant que de la manette principale.

Sur un autre secteur, enfin, on peut fixer un outil à terminer le bout des pièces, par exemple, qui peut varier de forme et produire tantôt un arrondi sur gabarit, une vive arête, un chanfrein ou une pointe.

Tourneuses. — Ce sont des machines qui remplacent le tour en l'air pour les pièces à surfaces planes et de côtés cylindriques ; leur disposition de tournage est à axe vertical ; la pièce est portée et solidement maintenue sur un plateau tournant horizontal, tandis que l'outil ou les outils sont montés sur un chariot longitudinal supérieur ; la manœuvre de l'outil a lieu comme dans les perceuses, automatiquement ou à la main, avec ou sans contrepoids d'équilibre du mouvement ascensionnel.

Avec cet appareil, il y a moins de vibrations et on peut exécuter des passes beaucoup plus fortes ; en outre, quand les porte-outils sont pivotants, on obtient une grande variété dans les façons à donner aux pièces.

Taraudage et filetage. — Par ces deux opérations connexes, on fait les filets de vis (fig. 161).

Les tarauds sont de deux espèces : le taraud ordinaire (fig. 152, 153, et 154), légèrement conique, et le taraudmère (fig. 152), presque cylindrique et beaucoup plus court; tous ils présentent (fig. 156, 157), des évidements qui agissent de deux façons, en coupant et en refoulant la matière; il est, par conséquent, nécessaire de percer préa-

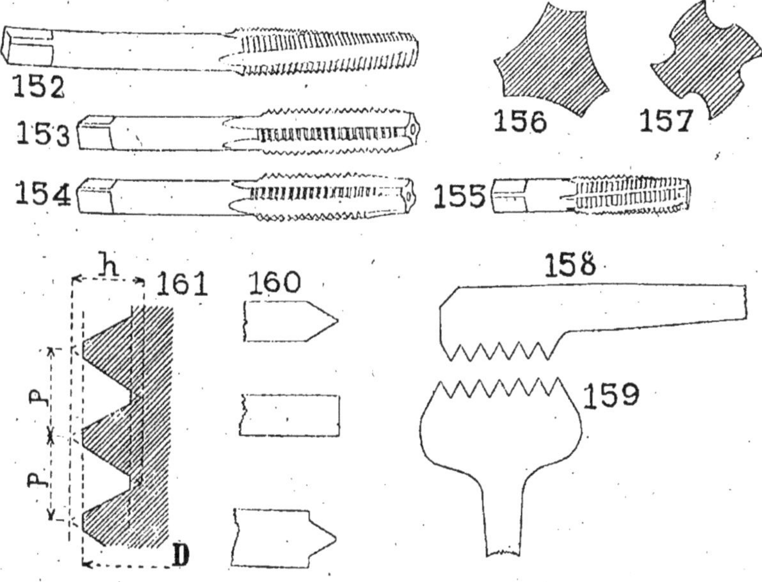

Fig. 152 à 161.

lablement le trou à un diamètre légèrement plus fort, puisque le refoulement rétrécit un peu l'ouverture.

Lorsqu'on pratique le taraudage à la main, on emmanche la tête dans un tourne-à-gauche percé de divers trous correspondant à la section de cette tête et on donne des secousses alternatives; quand on opère à la machine, le taraudage se fait en une seule passe ou en plusieurs, selon la perfection désirée, mais d'un mouvement de rotation continu; les évidements sont alors plus profonds et les tranchants coupent sous un angle à peu près droit.

Le taraud conique se fabrique dans une tige cylindrique en acier dont, au besoin, on étire ou on forge une portion ; on fait, en haut, une tête carrée ; on la porte sur le tour pour la rendre bien centrée ; puis, sur le tour à fileter, on façonne exactement le pas de vis sur toute la longueur ; on a ainsi une vis cylindrique dont on enlève, ensuite, sur le tour, une partie des filets inférieurs pour donner de l'entrée à l'outil ; c'est donc à peine s'il en reste en bas. On pratique enfin un certain nombre d'évidements longitudinaux en ayant soin de bien enlever les bavures.

Pour tremper les tarauds, on les chauffe au rouge cerise ; il est bon, si on en a un certain nombre à travailler ou s'ils sont un peu forts, de les chauffer en vase clos, au milieu de poussier de bois.

Lorsque la température est convenable et uniforme dans toute la masse, on les plonge dans l'eau par le bas, à moins que le cône soit très prononcé, auquel cas on les trempe par la tête. Puis on fait sortir la tige, qui doit rester plus douce et on les promène dans le bain jusqu'à ce qu'ils soient en état d'évaporer encore l'eau qui les touche et que la main n'en supporte pas le contact.

A cette température, on les laisse revenir par la chaleur intérieure entre le jaune et le rouge brun, selon l'emploi auquel ils sont destinés, et on fixe leur teinte par immersion jusqu'à ce qu'ils soient tout à fait froids.

Les tarauds de petit diamètre se trempent dans l'eau de chaux, dans le suif ou dans l'huile.

Ceux à noyau d'acier doux se trempent brusquement jusqu'à complet refroidissement ; on fait ensuite revenir à un degré de dureté convenable.

En France, on a conseillé les dimensions suivantes pour la forme des filets triangulaires et leur profondeur, en fonction du diamètre (fig. 161) :

Bâtir un triangle équilatéral ayant le pas pour côté ; le

pas augmente de demi-millimètre en demi-millimètre, conformément aux indications de ce tableau :

Diamètres	6	10	14	18	24	30	36
Pas	1	1.5	2	2.5	3	3.5	4
Diamètres	42	48	56	64	72	80	88
Pas	4.5	5	5.5	6	6.5	7	7.5
Diamètres	96	106	116	126	136	148	
Pas	8	8.5	9	9.5	10	10.5	

Tronquer les pointes, intérieurement et extérieurement, par deux parallèles, à une distance égale à $\frac{1}{8}$ de h. Le diamètre D des vis se prend sur l'extérieur après troncature.

La *vitesse* de taraudage varie avec le diamètre des écrous et la nature de la matière ; pour des boulons de :

20 millimètres le taraud fait environ 30 tours par minute
35 — 20 —
50 — 10 —

Les machines à tarauder servent, le plus souvent, à fileter; au lieu des outils de filetage, on monte, dans le nez de l'arbre porte-outils, des pinces emboîtant la tête du taraud. Le mouvement est donné à l'arbre creux de la poupée fixe par deux poulies et par une poulie folle ; des relais d'engrenage sont calculés pour produire une action lente dans le sens du travail et rapide pour le retour à vide, lors du changement de marche.

Les pièces à tarauder sont placées ou bien dans le nez de l'arbre creux ou bien sur des mordaches coulissant sur des guides parallèles ; les machines soignées sont munies d'un mandrin de centrage et d'un dispositif permettant d'ouvrir instantanément les coussinets sans arrêter ni renverser le mouvement de la machine.

On arrose les tarauds avec de l'eau de savon ou de l'huile.

Pour fileter, on remplace simplement le taraud par des coussinets montés, de préférence, sur l'arbre de la machine.

Le filetage a lieu également par l'emploi de peignes (fig. 158, 159), adaptés à un manche; on monte alors la pièce sur le tour; à chaque révolution le peigne avance d'une quantité égale au pas; on revient, à plusieurs reprises, au point de départ, en enfonçant chaque fois, un peu plus profondément.

Cet outil sert particulièrement pour le filetage du cuivre et du laiton dans la robinetterie et dans la fabrication des instruments de physique et d'astronomie.

Le *filetage mécanique* s'effectue encore sur le tour parallèle, en remplaçant le burin par un grain d'orge terminé en forme de filet (fig. 160).

L'outil avance alors, à chaque tour, d'une quantité rigoureusement égale au pas.

On se sert de séries d'engrenages dont on connaît le nombre de dents, avec des roues de rechange; généralement l'ouvrier est guidé dans son choix par un tableau, indiquant les relais selon les pas que l'on veut obtenir; mais il lui est toujours facile d'y suppléer par un *petit calcul.*

Par exemple, supposons que l'on puisse donner la vitesse avec trois roues dans le même plan (fig. 162), a est monté sur l'arbre et b commande la vis; c est intermédiaire et fait tourner b dans le même sens que a; elle n'a pas d'influence sur le rapport des vitesses, et celles-ci sont inversement proportionnelles au nombre respectif des dents, n et n', c'est-à-dire que, pour une révolution de a, b fait une fraction de tour représentée par $\frac{n}{n'}$ = rapport du nombre des dents (*Engrenages et transmissions*).

Représentons par P le pas fixe de la vis latérale actionnant le chariot de tour, et p celui de la vis que l'on veut obtenir :

$$p = \frac{n}{n'} \mathrm{P}.$$

Si, comme second exemple (fig. 163), on avait des roues

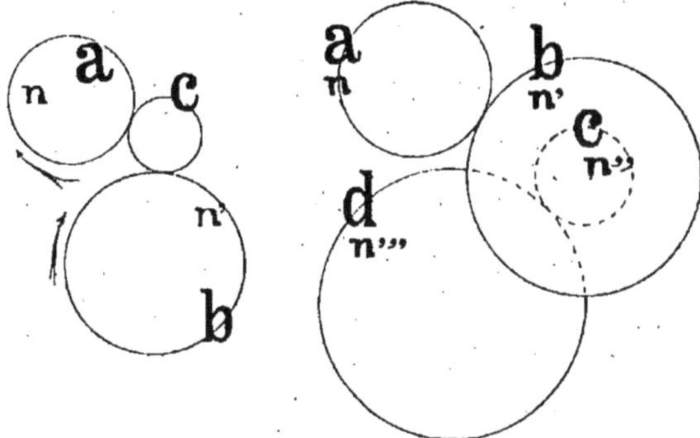

Fig. 162, 163.

pouvant se monter sur une *tête de cheval*, tel que ci-contre, on aurait, en conservant les notations ci-dessus :

$$p = \frac{n}{n'} \frac{n''}{n'''} \mathrm{P}.$$

Raboteuses. — Le dressage à la main ne peut se faire lorsque les dimensions deviennent un peu considérables et il est alors nécessaire de confier cette opération à des machines ; parmi les plus anciennes en usage, figurent les raboteuses qui sont de deux espèces : dans les unes l'outil est fixe et la pièce est animée d'un mouvement de va-et-vient ; dans les autres, c'est au contraire le porte-outil qui a un mouvement d'avance et de recul.

Les premières portent le nom générique de raboteuses ; les secondes, celui d'étaux limeurs.

Les *vitesses* dont il faut les animer sont celles-ci :

	MACHINES A RABOTER						ÉTAUX LIMEURS	
	1 m. 50 de course.		1 m.50 à 5 m. de course.		5 m. à 15 m. de course.			
	Fer.	Alliages.	Fer.	Alliages.	Fer.	Alliages.	Fer.	Alliages.
Vitesse de l'outil par seconde. . .	Centimèt. 9 à 10	Cent. 20	Centim. 6 à 9	Cent. 20	Cent. 5 à 6	Cent. 20	Centimèt. 11 à 20	Cent. 40
Avancement transversal par coup.	De 1/3 de millimètre à 2 millimètres.						De 1/2 à 2. millimètres.	

Dans les machines à raboter à *outil fixe*, le porte-outil ou chariot se meut, dans le sens vertical, à la main la plupart du temps et, dans le sens horizontal, automatiquement, sur un bâti vertical qui se boulonne ou qui est venu de fonte sur ou avec une table d'assise.

Les montants verticaux sont rainés où à glissières, de façon à bien guider le déplacement du porte-chariot, déplacement qui a lieu sous l'impulsion d'engrenages ou de vis rigoureusement égaux.

La commande générale comporte trois poulies, dont l'une folle et dont les autres provoquent des directions inverses d'aller lent et de retour rapide ; elle se transmet aux divers organes par des courroies, poulies, chaînes, crémaillères, vis ou autres, selon les constructeurs. Généralement une passe se donne sur toute la surface, automatiquement, et la descente de l'outil, seule, est obtenue à la main par un petit volant à vis.

La table, en fonte, avec ses rainures de fixation de la pièce, se déplace dans des coulisses en V ou sur de larges glissières à onglet ; elle est commandée, comme ci-dessus, selon les idées propres à chaque maison, mais on cherche spécialement à lui assurer un mouvement de retour accéléré par le fait du changement de marche automatique ; cette disposition est indispensable avec les grands modèles (1).

Il est bon que le burin puisse travailler sous différents angles et qu'il soit libre, à vide, afin de ménager son tranchant; il existe également des combinaisons où le chariot, automatique en hauteur, permet de raboter latéralement ; la course doit pouvoir être limitée, selon les nécessités, par des butées agissant sur les débrayages automatiquement.

En raison de ce que l'énergie transmise est surtout absorbée par les frottements de tous genres et presque pas par le travail du burin, on agence souvent plusieurs porte-outils sur le chariot transversal, de sorte que l'on peut donner deux ou plusieurs passes simultanément.

Les machines à raboter à fosse étaient, autrefois, surtout utilisées pour les très grosses pièces et c'était, alors, le porte-outil qui se déplaçait de la même manière que le chariot ci-dessus recevant les pièces à ouvrer.

Quelques constructeurs ont cherché à utiliser la course de retour, qui s'opère sans rien produire; le porte-outil était agencé pour tourner d'une demi-circonférence, présentant ainsi le tranchant vers le départ; mais on ne préconise plus beaucoup ce moyen, les tranchants étant très difficilement obtenus symétriques.

Étaux-limeurs. — On en fait usage lorsque les pièces qu'il s'agit de dresser ou de raboter sont de petites dimensions; c'est une machine dans laquelle le burin a un mouvement alternatif de va-et-vient, et la pièce, un léger mou-

(1) Voir *Mécanique générale* et *Engrenages et transmissions*.

vement transversal; mais son rendement, comme celui des raboteuses, est faible en regard de celui des outils modernes, et, en particulier, des fraiseuses, qui terminent plus vivement et plus proprement le travail.

Le mouvement est donné à l'outil par poulies, engrenages et manivelle à rayon variable; le porte-outil peut prendre une petite inclinaison.

Le chariot porte-pièce est, en hauteur, réglé à la main, par une vis généralement; il se déplace, dans le sens transversal, sous l'action d'un cliquet mû par un renvoi de mouvement pris directement sur l'arbre de la manivelle.

Mortaiseuses. — En principe, le mouvement y est donné d'une façon analogue à celui des étaux-limeurs; l'outil monte et descend par l'effet d'une manivelle à course variable et la pièce, maintenue sur une série de plateaux superposés, se meut en différents sens, ces plateaux lui permettant de la sorte, un déplacement en toutes directions, soit dans des sens perpendiculaires, soit même circulairement.

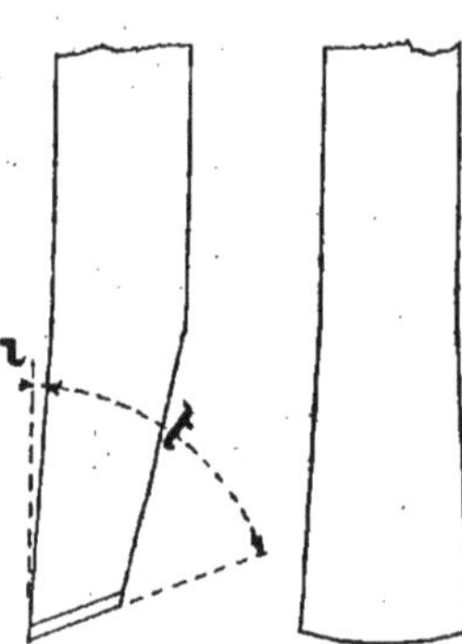

Fig. 164.

La bielle est reliée, d'une part, à un plateau-manivelle actionné par poulies et relais d'engrenages, et de l'autre à une pièce guidée verticalement qui fait mouvoir le porte-outil.

Sur ce porte-outil, on monte le burin, maintenu en place par un certain nombre de vis de pression; le mécanisme du plateau est tel qu'on perde le moins de temps possible à la remontée du porte-outil; on dégage le burin pendant la levée, automatiquement, afin d'en ménager le tranchant. la fig. 164 s'applique au tableau suivant :

Matières.	Tranchant.	Angle d'incidence.
Fer, fonte, acier. . . .	66°	3°
Bronze	76°	3°

Machines à fraiser. — On peut, sur les machines à fraiser, exécuter les travaux les plus variés avec le minimum de dépense de force : dresser les surfaces; percer; aléser; faire les rainures; tailler les pièces selon des profils variés, depuis les plus petites pour armes, machines à coudre et autres industries, jusqu'aux plus grandes pièces mécaniques, pour lesquelles on combine spécialement des machines mobiles; faire automatiquement et en séries interchangeables, les contours des organes de bicyclettes, des bielles, des manivelles ou des objets analogues; tailler les engrenages, les roues striées, les fraises droites, inclinées et de toutes formes; faire les forets américains, etc.

En résumé, à chaque spécialité de travail correspond un type de machine agencée tout particulièrement en vue du résultat que l'on veut obtenir; on peut dégrossir et dresser les surfaces avec plus d'avantage qu'à la raboteuse et travailler sur calibres; lorsque les pièces sont lourdes, on dispose les fraiseuses de façon à ce que l'outil se déplace et que ces pièces restent fixes, et l'on évite, en général, d'avoir à démonter la pièce; on y exécute toute une série d'opérations, au grand bénéfice de la rapidité et surtout de l'exactitude.

La *fraise* est un outil tournant présentant un nombre plus ou moins grand de tranchants. Il sert quelquefois avec le tour, la pièce étant montée sur pointes et la fraise portée par le chariot.

Les fraises se font de tous les diamètres et de toutes les formes ; leur façon de travailler est la même que celle des divers burins dont nous avons indiqué les angles de coupe et le mode de dégagement des copeaux ; mais la première

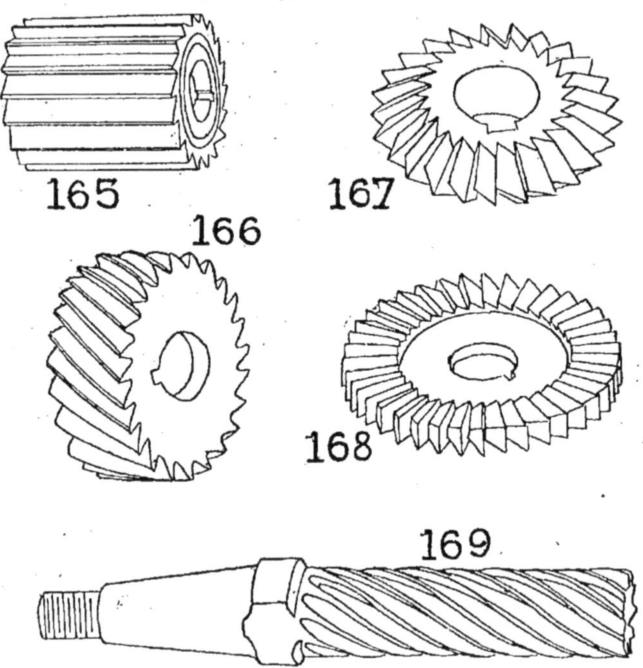

Fig. 165 à 169.

condition qu'elles doivent remplir est de posséder une *mise au rond* parfaite, indispensable à leur bon fonctionnement.

Elles sont, dans leur plus grande simplicité, cylindriques à denture droite ou hélicoïdale (fig. 165, 166) ; coniques, (fig. 167); à disque plat (fig. 168); à tige (fig. 169); lorsqu'elles sont à denture dégagée, (fig. 170), c'est-à-dire travaillée profondément, elles ne diminuent pas sensiblement de diamètre et ne changent par conséquent pas le profil jusqu'à usure très prononcée ; leurs dents sont plus solides et peuvent être complètement usées sans qu'on les détrempe.

Pour les tremper, on recuit d'abord les rondelles forgées et on les termine soigneusement ; on chauffe au rouge, en vase clos, avec du poussier de charbon de bois. Quand la température convenable est atteinte, on les trempe verticalement dans l'eau de chaux ou dans l'huile, selon leurs formes ou leur volume, et on les laisse refroidir complètement dans le liquide ; parfois on emploie la trempe combinée, en les baignant dans l'eau puis dans l'huile. On les fait revenir entre des rondelles de fer rouge, ayant un diamètre un peu plus petit, ou encore au moyen d'un fer rouge introduit dans le trou du centre ; la couleur doit être : jaune sombre sur la périphérie et bleu vers le milieu.

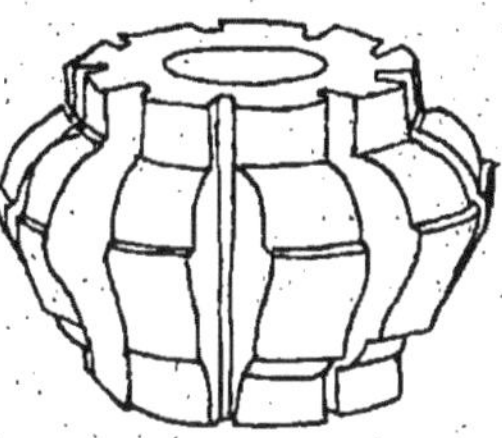
Fig. 170.

A la suite de la trempe, il faut les rectifier et les affûter ; des machines spéciales existent pour cette opération.

On recommande les fraises à trou ou à queue lisse, dont la déformation est bien moindre que lorsque le montage de l'outil a lieu par vis.

Les principales conditions à remplir par le porte-outils sont les suivantes : Mouvement rapide de la fraise ; la vitesse circonférencielle la plus avantageuse est en moyenne de 200 à 350 millimètres par seconde selon la dureté du métal ;

Fer........	185	millimètres.
Fonte......	145	—
Acier fondu	115	—
Bronze.....	400	—

Montage sans jeu ; il faut des machines de précision ou tout au moins, à rattrapage de jeu ;

Déplacement en tous sens et rotation sous certains angles; l'*avancement* oscille entre 0 millimètre 125 et 1 millimètre 5 par seconde;

Levée et descente très exactes, de manière que le plan de la fraise suive rigoureusement la trajectoire qu'on veut lui faire parcourir.

Plus que dans les machines à percer, il y a lieu de veiller à l'arrosage; on emploie l'eau de savon pour le fer, l'acier doux et l'acier coulé; l'huile pour l'acier fondu, et la benzine pour le bronze bien que, comme la fonte, on puisse le travailler à sec.

Dans le repassage, à la meule, des dents des fraises, c'est la face avant qu'il faut rafraîchir.

De ce que les fraises se prêtent à des opérations aussi multiples que différentes dans leurs effets, accomplissant les besognes les plus délicates et les plus minutieuses, vite, proprement et avec autant d'exactitude sur les pièces légères de série que sur les massifs dont le déplacement ne s'effectue qu'à grand renfort de leviers, roules, palans où chariots transbordeurs, il est facile de déduire qu'aucune classification n'est possible, si vague qu'elle soit; nous nous contenterons donc d'en décrire deux types, choisis dans la moyenne et se rapprochant sensiblement des divers genres de fraiseuses dites universelles.

Ajoutons néanmoins qu'elles se rencontrent, le plus souvent, sous les dispositions générales d'outil ou de chariot ayant leur axe tantôt horizontal et tantôt vertical.

Le bâti, en fonte, a l'aspect d'une poupée fixe de tour ordinaire posée sur un socle métallique; il est creux et sa cavité sert parfois d'armoire; sur sa face avant on dispose une console, se montant et se descendant à la main et qui supporte un groupe de chariots à déplacements en tous sens.

La poupée reçoit l'arbre porte-fraise, mû par poulies, cônes différentiels et relais d'engrenages, ainsi qu'un mandrin de support, formé d'un fort bras en col de cygne ou en équerre, dont on assure encore, au besoin, la rigidité, en le reliant à une partie fixe de la console. On assujettit solidement la position du support pendant le travail, afin d'éviter les vibrations.

Le chariot, muni de tous ses accessoires de fixation, de centrage et de cercles diviseurs, possède des coulisses longitudinales et transversales et doit pouvoir prendre des positions obliques, tout en conservant ses mouvements et débrayages automatiques dans n'importe quel sens.

Les machines soignées comportent également des plateaux circulaires, à commande dépendant de la transmission de la fraiseuse; des tringles et butées réglables pour le cas de pièces à répétition; des supports et tous les guides nécessaires, mais qui constituent plutôt un outillage spécial créé en vue d'un but déterminé.

En raison de l'abondance de l'arrosage, on se sert souvent d'une petite pompe centrifuge pour lubrifier et rafraîchir la fraise avec de l'eau de savon ; l'entretien judicieux de la machine exige alors qu'on recueille cette eau dans des rigoles afin qu'elle retourne dans le réservoir de la pompe après filtrage sommaire sur son parcours.

Une bonne précaution que l'on doit recommander de prendre le plus possible, est de *décaper* soigneusement les pièces brutes de fonte ou d'acier afin d'enlever, au préalable, la croûte plus dure existant à leur surface.

Il ne faudra pas négliger de débarrasser les plateaux des copeaux tombant pendant le travail ; c'est autant une question de propreté que de travail facile ; si l'importance de l'atelier ne comporte pas un ouvrier-outilleur spécial, on devra pratiquer l'affutage seulement sur des outils très propres, parfaitement nettoyés des matières grasses ou savonneuses qui encrasseraient les pores de la meule dont on se sert ; elles y produiraient rapidement, en effet, une sorte d'enduit qui se durcirait et supprimerait le mordant; la meule glisserait sur la fraise sans l'entamer mais en l'échauffant.

Une variété des machines précédentes permet de copier les formes d'une pièce type suivant des gabarits le long desquels se promène une touche. Les mouvements de la table et du chariot transversal sont obtenus soit à la main, par crémaillères et pignons pour les pièces à contours accentués, soit automatiquement pour les pièces rectilignes, à l'aide de mécanismes permettant d'obtenir des vitesses différentes d'avance suivant le travail à produire. La touche de contact, par la combinaison de ces mouvements, appuie contre le gabarit dont les contours se trouvent ainsi exactement reproduits; mais il est indispensable de tailler crémaillères ou pignons avec beaucoup de précision et de rattraper tout jeu qui se ferait sentir en n'importe quel endroit, surtout pour éviter l'engagement inopiné de la fraise aux points où la courbe du gabarit revient en sens inverse.

En outre on doit imaginer une disposition quelconque de réglage pour faire pénétrer et arrêter la fraise à une profondeur déterminée.

Afin de donner une idée des gros travaux susceptibles d'être exécutés sur les grandes fraiseuses, avec une économie sensible par rapport à ceux que font les raboteuses, nous entrerons dans quelques détails relatifs aux fraiseuses sur large assise.

L'avantage est surtout marqué dans le profilage, tel, par exemple, que celui d'un banc de tour (fig. 170 *bis*), lorsqu'il est produit en une seule passe puissante, avec ou sans terminaison sur des outils moins mordants ou moins rapides.

On établit la machine à fraiser sur une solide plaque d'assise munie de rainures pour la fixation des pièces, avec intermédiaire d'un banc latéral sur lequel chemine un montant portant le chariot.

Sur le corps de ce chariot à mouvement vertical sont montés d'autres plateaux recevant la douille de l'arbre porte-fraise ; tous ces déplacements sont, ou du moins, peuvent être automatiques. Le porte-fraise est mobile suivant son axe et sa position est réglée à la main.

Pour travailler sous angle, le chariot vertical est disposé pour prendre une légère inclinaison, avec cercle de repère ; le rappel du montant a lieu par mouvement plus rapide et des contrepoids convenables équilibrent la masse des chariots du montant.

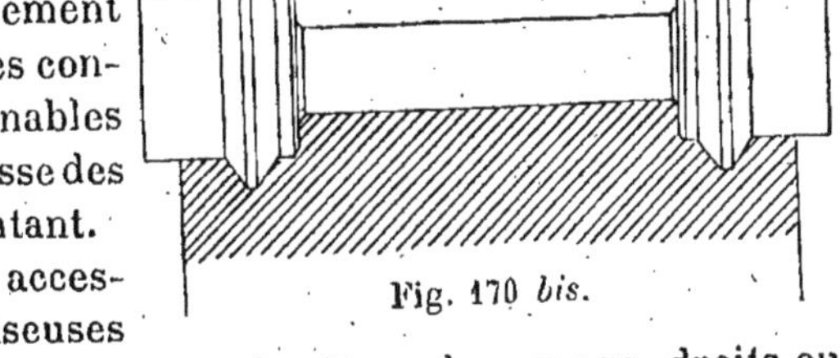

Fig. 170 *bis*.

Les appareils accessoires des fraiseuses sont : les machines à affûter ; les étaux de serrage, droits ou pivotants ; les appareils et plateaux diviseurs ; les poupées à contre-pointe ; les mandrins de serrage ; les supports-volants, etc.

Les machines à affûter mobiles, c'est-à-dire que l'on peut installer sur la fraiseuse, à proximité de l'outil ou dans un étau ordinaire, se composent d'un petit plateau inférieur sur lequel est monté le porte-meule et, vis-à-vis, le chariot porte-fraise coulissant dans une rainure latérale. La meule doit pouvoir prendre toutes positions d'avant en arrière, d'équerre ou d'inclinaison ; on lui donne un mouvement rapide de rotation par un cône à gorge à vitesses variables. Le chariot supérieur a deux mouvements, par l'intermédiaire d'un chariot sur lequel il doit aussi pouvoir pivoter ; il reçoit des butées réglables et des contre-pointes pour le mandrin porte-fraise ; un index à ressort maintient la dent dans une position absolue. L'affûteuse indépendante est tout simplement constituée par l'ensemble des combinaisons ci-dessus que l'on a groupées sur un pied ou bâti de support.

Bien d'autres machines-outils sont employées dans l'industrie moderne; elles ne sont cependant pas spéciales à l'ajustage et par conséquent, leur description trouve plutôt sa place dans chacun des chapitres qui suivent; c'est ainsi que les *poinçonneuses* et les *cisailles*, employées surtout pour le travail de la tôle, seront étudiées au volume **Chaudronnerie**, ainsi que les opérations si intéressantes du *meulage;* c'est également dans cette partie que nous parlerons des scies mécaniques à métaux. De même, dans le volume **Forge et Fonderies**, nous examinerons différents systèmes de *marteaux-pilons*, etc.

Remarques générales sur les ateliers.

Les perfectionnements assez récents, apportés dans l'outillage ou dans les outils mécaniques qui meublent les ateliers, ont été provoqués principalement par la nécessité d'y exécuter, en plus ou moins grande quantité, des séries de pièces interchangeables; ce travail exige, on le conçoit facilement, une précision plus parfaite à laquelle s'ajoute la question d'économie que l'on résout par une rapidité convenable de façonnage. On ne se contente plus, par exemple, de vérifier les dimensions d'une pièce au moyen d'un seul calibre: on fait, maintenant, usage de jauges limites, basées sur le principe d'une dimension maximum et d'une dimension minimum, de sorte que l'appréciation du degré d'exactitude est à peu près mathématique; l'erreur est, en ce cas, contenue entre les cotes-limites que l'on peut faire aussi rapprochées que l'exigent les circonstances.

Les figures 171, 172, 173, montrent la disposition que l'on peut adopter pour vérifier les diamètres soit intérieurs, tel que la figure 172, ou extérieurs, comme l'indique la figure 173; on voit que l'estimation peut porter, de la sorte, sur des infiniment petits.

Tout en faisant produire aux outils la plus grande somme de travail dont ils sont susceptibles, l'ouvrier doit se garder de les surmener ; car il arrive que les réparations à faire sur un outil forcé demandent bien plus de temps que s'il avait travaillé normalement; la fatigue exagérée n'est pas seulement un excès : l'exactitude en souffre aussi proportionnellement à l'usure ou à l'échauffement de l'outil et aux vibrations dans les mécanismes.

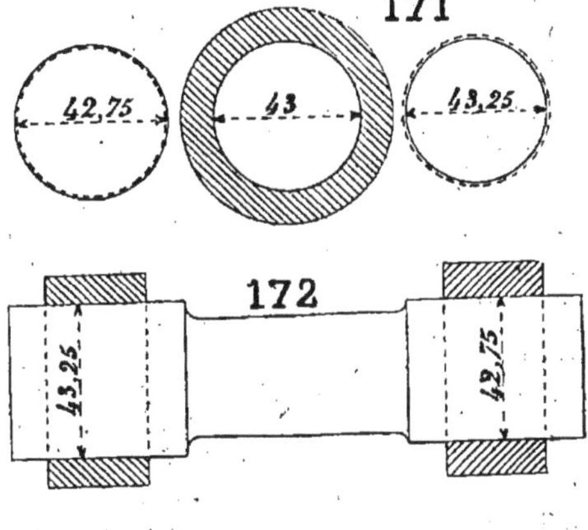

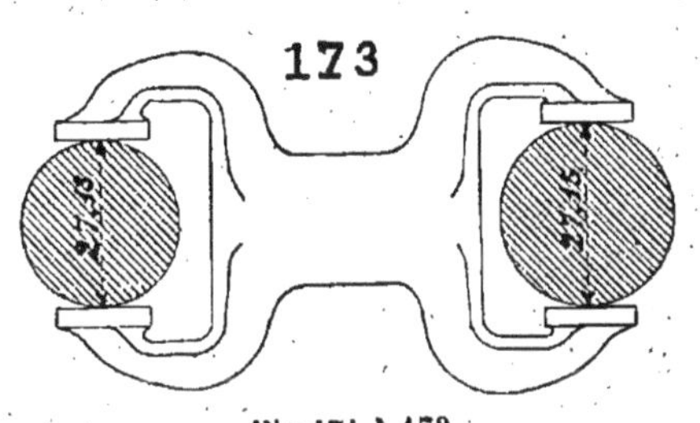

Fig 171 à 173.

Cette remarque s'applique particulièrement aux fraiseuses, que leur denture délicate sur formes rend déjà de 40 à 50 pour 100 plus économiques que d'autres appareils démodés et dont on a toujours tendance à vouloir augmenter le rendement sans merci.

La qualité des fontes intervient d'une façon notable dans le rendement des machines-outils ; elles doivent être douces, afin que les passes à leur donner soient moins nombreuses ; on cite des fraises de 0m600 de diamètre, avec une largeur de 0,600, ayant une vitesse de 20 millimètres et une avance de 1 millimètre par seconde, qui enlèvent

12 millimètres de métal d'un seul coup ; les fontes doivent, de plus, être régulières et homogènes, car la rencontre de points plus résistants ou de grains durs troublerait évidemment l'allure à laquelle l'ouvrier a compté mettre ses transmissions. Il n'est donc pas toujours possible, à cause de la nature de la fonte, d'atteindre la vitesse de 0,20 prévue sur les raboteuses, par exemple.

Nous avons cité, à propos de chaque genre de machines, l'outillage accessoire qu'elles comportent ; nous avons cependant omis à dessein les appareils de blocage électromagnétiques, très rapides, mais dont le maniement est trop spécial pour que leurs descriptions détaillées soient bien utiles dans cet ouvrage. Les constructeurs remettent des instructions d'emploi suffisamment nettes pour que, dans chaque cas, on puisse y avoir recours en toute confiance.

Le façonnage s'opère très bien, comme nous l'avons vu, sur les tours-revolvers qui se prêtent, comme les fraiseuses, à une multiplicité de travaux presque entièrement automatiques ; on y emploie quelquefois le graissage forcé ; avec les aciers spéciaux on atteint pour leur vitesse de coupe, jusqu'à $0^{m}60$ par seconde sans usure ni fatigue appréciables de l'outil. On comprend dès lors l'intérêt qu'il y a à spécialiser l'exécution de ces outils et à en confier la fabrication à des ouvriers expérimentés sachant ainsi tirer tout le parti possible des tours-revolvers.

Quoique la machine à percer ne se classe pas parmi les machines bien précises, on peut l'améliorer par l'emploi de guides enveloppant la mèche ou l'alésoir et comprenant des collets de butée ou d'arrêt.

Il est très souvent plus commode et plus économique de transporter l'outil vers la pièce à ouvrer et de l'y installer que d'amener celle-ci, successivement, à proximité des diverses machines qui doivent produire, chacune, un travail déterminé ; afin de grouper à volonté, autour des lourdes pièces, toutes les machines-outils portatives dont on a besoin, on dispose des grandes plaques d'assise en fonte (fig. 174), dont la réunion constitue une sorte de parquet dans un endroit facile d'accès. On y dépose les grosses pièces massives et, dans les rainures longitudinales du parquet, pourvues de chambres d'introduction à ces rainures, on fixe les supports mobiles des machines-outils selon les exigences des opérations. Ces plaques, dont certaines ont, ensemble, une longueur de 75 mètres, permettent d'éviter des manœuvres dangereuses et toujours coûteuses, laissant disponibles les machines fixes de l'atelier.

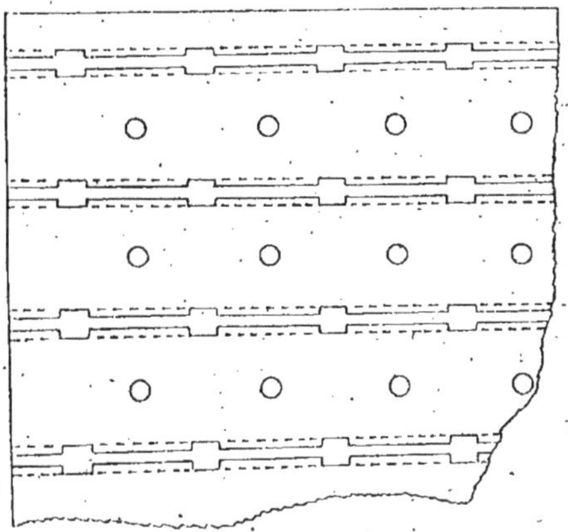

Fig. 174.

Il est bon de faciliter à l'ouvrier le rangement et même le classement de ses outils ; il est ainsi con duit à les tenir toujours en bon état de propreté et d'affûtage ; on doit mettre à sa disposition des tableaux d'accrochage ou des tablettes de pose ; des boîtes contenant, dans des entailles, les outils en série ; des tiroirs et même des meubles à rayons ; il faut lui éviter toute perte inutile de temps en recherches des objets dont il a besoin et sur lesquels il doit poser la main presque automatiquement ; son attention sera de la sorte, mieux concentrée sur son ouvrage.

Enfin, d'ailleurs, tout ce qui pourra contribuer, sans trop de frais, au confort et à la sécurité des ouvriers devra être appliqué ou installé ; leur santé et, par suite, leur capacité de travail, ne pourront ainsi qu'améliorer le rendement de l'exploitation générale ; leur bien-être relatif sera accru par de bonnes dispositions du chauffage, de la ventilation, de l'éclairage, des lavabos et par des précautions judicieuses relatives aux transmissions.

Vitesses des outils. — Il y a lieu d'insister ici, tant à propos du travail des bois qu'à propos de celui des métaux, sur ce fait que les vitesses, angles de coupe ou angles de dépouille, ont été donnés pour des outils confectionnés en *acier fondu ordinaire*, c'est-à-dire un acier ne possédant ses qualités qu'à la faveur de la seule dose de carbone qu'il contient (page 59).

Depuis quelques années, en effet, la question des aciers spéciaux, appelés de préférence *aciers à outils*, a fait de tels progrès que leur emploi dans les ateliers a changé toutes les notions de vitesses, d'épaisseurs de copeaux ou de températures auxquelles on les fabrique ou auxquelles ils donnent encore des résultats complètement inattendus.

La nature des matériaux soumis à l'action de ces outils entre évidemment pour une très large part dans le choix des qualités d'aciers qu'il faut rechercher ; on peut néanmoins affirmer que dans la plupart des cas (avec les aciers dits *se trempant à l'air* surtout) la résistance à l'usure est presque doublée, si l'on a soin de se conformer aux indications du tableau ci-contre.

Mesures de sécurité. — Malgré leur infinie variété, les machines-outils à métaux ne se classent pas dans la catégorie des appareils dangereux par leur fonctionnement, et le lecteur que ce sujet intéresse trouvera, dans le cours de ce manuel, soit à propos des moteurs, soit à propos des transmissions, la plupart des cas susceptibles de se présenter, avec leur mode de préservation ; nous croyons toutefois résumer ici un certain nombre d'instructions édictées par l'Association des Industriels de France :

MATIÈRE OUVRÉE	Vitesse de coupe en millimètres par seconde.	Profondeur de coupe en millimètres.	Avance par tour en millimètres.	Angles de coupe.		Angles de dépouille.	Graissage.
				Frontale.	Latérale.		
Acier dur.	86	0.6	1.2 à 1.5	76° à 85°	72° à 81°	3° à 8°	Eau de savon,
Acier et fonte dure .	75	0.6 à 1.0	2.5				
Fer et acier doux . .	180	0.7 à 1.5	2.0 à 2.5	82°	78°	3° à 8°	Id.
Bronze dur	1000	0.8 à 1.6	1.15 à 2.5	60° à 80°	65° à 80°	3° à 8°	Eau de savon ou benzine.
Bronze doux	600						
Bois.	Les vitesses de coupe peuvent facilement atteindre le double de celles usitées avec l'acier ordinaire. les angles sont plus aigus (environ un quart) et varient selon les essences.						

Aussitôt que le signal de mise en marche du moteur est donné, les ouvriers occupés à nettoyer ou à réparer les machines et leurs renvois doivent se retirer immédiatement. Quand on arrête, au contraire, le moteur, les ouvriers ne se mettront en contact avec les transmissions qu'après que le dernier signal aura retenti.

Il faut éviter, pendant la marche, de nettoyer les organes en tenant à la main du déchet ou des chiffons.

Les roues, poulies, supports ou coussinets ne doivent être graissés qu'au repos ; si un petit palier vient à chauffer il faut interrompre la marche, aussitôt que possible, pour procéder au graissage.

Ne pas remonter, à la main, les courroies sur leurs poulies ; il ne faut le faire qu'à l'aide de la perche à crochet ou, mieux, du monte-courroie.

Il a été constaté que les vêtements trop amples sont la cause de fréquents accidents ; il faut donc tenir essentiellement à ce que les ouvriers soient vêtus de vestes fermées.

Éviter le port de cravates à bouts flottants et des tabliers flottant en bas.

Afin de pouvoir donner les premiers soins, en cas d'accident quelconque, en l'absence du médecin ou même si sa présence n'était pas indispensable, l'atelier doit être doté d'une boîte de secours pour les ouvriers *indisposés* ou *blessés* (asphyxie, attaques de nerfs, brûlures et congélation, insolation, congestion, contusions, corps étrangers, empoisonnements, entorses, fractures, coups de foudre, hémorragie, hernies, luxation, plaies, syncope et autres).

FIN

TABLE DES MATIÈRES

DE LA DEUXIÈME PARTIE

PREMIÈRE PARTIE

Travail du Bois.

CHAPITRE I. — Généralités. 1
Division et emplois des bois 2
Bois industriels et cubage 5
Défauts des bois. 8
CHAPITRE II. — Travail manuel ou à bras d'homme 11
Outils simples. 11
CHAPITRE III. — Machines-outils. 16
Scies alternatives 17
Scies à ruban. 22
Scies circulaires. 24
Mesures de sécurité concernant les scieries. 27
Machines à percer 32
Tours 32
Machines à trancher 35
Machines à dégauchir et raboter 35
Toupies 42
Machines à mortaiser 46
Outils modernes. 48
Mesures de sécurité concernant les machines. 52

DEUXIÈME PARTIE

Travail des Métaux.

CHAPITRE I. — Généralités 57
Fer 57
Acier, trempe, tours de main, etc 59
Fer cémenté. 75
Cuivre 76
Étain 77
Plomb. 77
Zinc. 77
Bronze 78
Métal antifriction 79
Laiton 79
Cuir. 80
Matières à user et polir 80
CHAPITRE II. — Travail à la main 82
Outils simples. 82
Outils américains 86
CHAPITRE III. — Ajustage mécanique 95
Perçage, outillage 95
Alésage 109
Tours. 110
Tours-révolvers 113
Tourneuses 120
Taraudage et filetage 120
Raboteuses 125
Etaux-limeurs. 127
Machines à fraiser. 129
Remarques générales 136
Vitesses des outils. 140
Mesures de sécurité 140

ÉMILE COLIN, IMPRIMERIE DE LAGNY (S.-&-M.)

Librairie Bernard Tignol,
53 bis, Quai des Grands-Augustins
Téléphone 275.00

Électricité

INDUSTRIES DIVERSES

Arts et Manufactures — Chimie Industrielle

PREMIÈRE PARTIE

Ces livres sont envoyés franco, joindre à la demande le montant en un mandat-poste

Nous fournissons également tous les ouvrages de Science, Industrie, Littérature, etc., qui ne figurent pas dans nos Catalogues.

La Maison se charge de publier à son compte ou à celui des Auteurs tous les ouvrages se rattachant à sa spécialité

1903

PARIS
Librairie Bernard TIGNOL
PUBLICATIONS DE LA
LIBRAIRIE de L'ÉCOLE CENTRALE des ARTS et MANUFACTURES
53 *bis*, Quai des Grands-Augustins, 53 *bis*

Accumulateurs (Voir Électricité, Piles).

Les Accumulateurs électriques. Nouvelle édition, par F. Cacheux, ingénieur-électricien. — 1 vol. in-16 avec figures dans le texte, 1901. — Prix . . . . 4 fr.

Table des Chapitres. — Description et mode d'emploi des piles secondaires. — Les accumulateurs anciens et nouveaux. — Montage des éléments et choix du local pour les accumulateurs. — Charge et décharge. — Les accidents : leurs causes et leurs remèdes. — Résumé.

Acétylène.

L'Acétylène et ses Applications, l'Incandescence par le Gaz et le Pétrole, par F. Dommer, ingénieur des Arts et Manufactures, professeur à l'École de physique et de chimie industrielles de la Ville de Paris; 1 beau vol. in-16, 220 fig. — Prix. . 4 fr. 50

Après une théorie élémentaire de la lumière, l'auteur aborde la description, peu connue, des minéraux dont les oxydes sont utilisés à produire l'incandescence : thorite, orangite, monazite, et traite ensuite avec une grande compétence les appareils à incandescence, à combustion complète, de Siemens, Bandsept, Denayrouse et Aüer, etc.

La seconde partie, la plus importante de cet ouvrage, est entièrement consacrée à l'*Acétylène*, le nouveau et déjà célèbre concurrent du gaz et de l'électricité. Tout ce que nous savons à ce jour sur l'acétylène, préparation de carbure de calcium, emploi dans l'éclairage, lampes mobiles, régulateurs, application à la carburation du gaz, à la traction, aux produits chimiques, alcool, etc., est décrit minutieusement.

Acide sulfurique.

Fabrication de l'Acide sulfurique. Procédés de contact, par E. Petitgout, in-16, 10 figures, 1902. — Prix. . . . . . . 1 fr. 50

Aérostation.

Manuel pratique de l'Aéronaute. Étoffe. — Couture. — Filet. — Soupape. — Nacelle. — Lest. — Guide-rope. — Courants. — Observations. — Descente, etc. — Par W. de Fonvielle; in-16, figures. — Prix . 5 fr.

3,000 kilomètres en Ballon, par Maurice Farman, 1 volume in-8° illustré de nombreuses figures. — Prix. . . . . 3 fr. 50

Machines aériennes d'aluminium (Fusairs et Uranes), par Const. Fontana, in-16 avec figures. — Prix . . . . 1 fr. 50

Aérostation. Construction, description et direction des ballons, par Miret, in-8°, 58 pages, 37 figures. — Prix . . . . 2 fr. 50

Agriculture.

Petite Encyclopédie d'Agriculture, publiée sous la direction de M. A. Larbalétrier, professeur à l'Ecole d'Agriculture de Grand-Jouan. Chaque ouvrage forme un volume in-16 avec nombreuses figures dans le texte. Les 10 volumes ensemble. Prix : **15** fr.

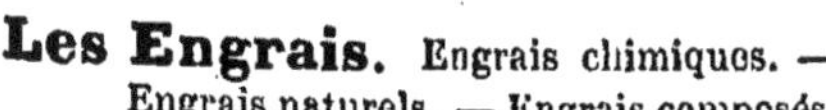

Les Engrais. Engrais chimiques. — Engrais naturels. — Engrais composés. — Formules. — Besoins des Plantes. — Analyse des Engrais par F. Legrand, 19 figures. — Prix . . . . . **1** fr. **50**

Le Drainage des Terres arables. Drains en bois, en poterie, etc. — Travaux sur le terrain. — Drainages spéciaux. — Fonctionnement. — Avantages, par A. Larbalétrier, 29 figures. — Prix. **1** fr. **50**

Élevage du Bétail. Chevaux.—Bœufs.—Vaches.—Moutons.—Porcs, etc. par Em. Darbory, propriétaire-éleveur, 55 figures . . . . **1** fr. **50**

Nos Légumes et nos Fleurs. Caractères. — Variétés. — Culture. — Maladies, etc., par E. Faveri et A. Larbalétrier, 56 figures. **1** fr. **50**

Laiterie, Beurre et Fabrication des Fromages. Lait. — Analyse. — Conservation. — Écrémage. — Barattage. — Conservation. — Fromages mous, frais, affinés, cuits, etc., par E. Rigaux professeur à l'École d'Agriculture de Mende, 320 pages, 73 figures . . . . **3** fr.

Machines agricoles et Constructions rurales. Charrues. — Herses. — Semoirs. — Faucheuses. — Moissonneuses. — Lieuses. — Batteuses, etc. — Constructions : Écuries. — Bouveries. — Étables, in-16, nombreuses figures, par G. Ménul, 112 figures. — Prix. . . . . **1** fr. **50**

Céréales et Fourrages. Culture pratique. — Froment. — Seigle. — Orge. — Avoine. — Sarrasin. — Trèfle. — Betterave, etc., par A. Larbalétrier, 51 figures . . . . **1** fr. **50**

Arbres fruitiers et la Vigne. Fumure. — Conduite. — Multiplication. — Variétés : Abricotier. — Amandier. — Cerisier, etc. — La Vigne. — Cépage, Culture, Accidents, Maladies, par P. d'Aygalliers, 46 figures. . . . . **3** fr.

Cidre, Poiré et Boissons économiques. Culture du pommier et du poirier. — Fabrication du cidre et du poiré. — Maladie du cidre, remèdes. — Eaux-de-vie. — Vinaigre. — Conservation des fruits. — Vins de Dattes, Figues, Poires, Pommes tapées. — Vins de fruits frais Cerises, Prunes, Framboises, Groseilles, etc., 24 fig., par E. Rigaux. **1** fr. **50**

Volailles, Lapins et Abeilles. Poules. Élevage, Incubation, Engraissement, Pintades, Dindons, Oies, Canards, Pigeons. — Lapins. Elevage, Alimentation. — Abeilles. Colonies, Nourriture, Rucher, Essaimage, Ruche, Récolte du miel, par E. PARADIS et A. MONTOUX, 52 fig. — Prix. 1 fr. 50

Conserves alimentaires. Fruits, Légumes, Poissons et Viandes, par DE NOTER; 1 beau volume in-16, 67 figures. — Prix . . . . . . 3 fr.

Fabrication de l'alcool; Distilleries agricoles, par E. ROBINET et G. CANU; 1 vol. in-16, 55 figures, cartonné. — Prix 3 fr.

La Vaccination charbonneuse, d'après PASTEUR, par CH. CHAMBERLAND; in-8°, 10 figures, cartonnage toile. — Prix . . . . 5 fr.

Aluminium.

L'Aluminium. Nouveaux procédés de fabrication. — Alliages. — Emplois récents de l'aluminium. — Par Ad. MINET, ingénieur-électricien; 2 volumes in-16, figures dans le texte. — Prix . . . . 9 fr.

On vend séparément :

1re PARTIE : Fabrication. — Prix . . . . 4 fr. 50

2e PARTIE : Alliages, Emplois. — Prix . . . . 4 fr. 50

Ammoniaque.

L'Ammoniaque, ses nouveaux Procédés de Fabrication et ses Applications. L'Ammoniaque. — Ses sels ammoniacaux. — Propriétés physiques. — Fabrication. — Travail des Eaux ammoniacales. — Analyse de l'Ammoniaque. — Des Sels ammoniacaux. — Des Matières premières. — Dosage dans les Eaux. — Applications. — Production et Consommation. — Brevets. — Par P. TRUCHOT, ingénieur-chimiste; in-16, figures. — Prix . . . . 6 fr.

Architecture et Constructions.

Aide-Mémoire de poche de l'Architecte et de l'Ingénieur-Constructeur, pour le calcul des Constructions. — Formules usuelles. — Fondations. — Poutres. — Planchers en fer et en bois. — Calcul des Fermes. — Maçonnerie. — Hydraulique. — Électricité. — Chauffage. — Escaliers, etc. — Tables. — Par Ch. SÉE, ingénieur-architecte; 1 volume in-16, avec figures, cartonné, toile anglaise. — Prix . . . . 4 fr. 50

Tables à l'usage des Constructeurs, donnant, par la connaissance de la corde et de la flèche, le rayon, l'angle au centre, etc. — Par L. SERGENT, in-12 (1882). — Prix . . . . 1 fr. 50

Les Cheminées d'usines. Constructions. — Réparations, par VICTOR LEFÈVRE, ingénieur civil ; 1 volume in-16 de 48 pages, avec 13 figures dans le texte. — Prix. 1 fr. 50

La Tour Eiffel de 300 mètres de l'Exposition Universelle. — Historique et Description ; par Max de NANSOUTY, ingénieur 1 volume in-16 de 140 pages ; nombreuses figures. — Prix. . . . 2 fr. 50

Arpentage.

Manuel pratique d'Arpentage et de levé des Plans, par G. DALLET, du Service géographique de l'Armée, 1 volume in-16, 73 figures dans le texte. — Prix. . . . . 4 fr.

Automobiles (Voir CHAUFFEURS).

Manuel pratique du Constructeur d'Automobiles à pétrole, par Maurice FARMAN. — Un beau volume in-16, avec 65 figures dans le texte et un atlas de 20 planches in-4°, 1901. — Prix 9 fr.

La fin de l'Exposition universelle a marqué l'entrée de l'automobilisme dans une seconde période qui permet enfin la publication d'un ouvrage mis au courant des derniers progrès accomplis et donnant, pour les plus importantes marques, les détails de construction de la voiture automobile et le montage du moteur.

Le livre de M. Maurice Farman sera aussi utile aux constructeurs et aux propriétaires qu'aux nombreux mécaniciens qui sont chargés journellement d'exécuter les réparations urgentes.

Manuel du Conducteur-Chauffeur d'Automobiles, par Maurice FARMAN. — Achat d'une Automobile. — Moteurs. — Carburation — Allumage. — Transmissions. — Freins. — Essieux. — Roues. — Différents types : Panhard, Peugeot, Mors, Roger, Huguet, Gautier, de Dietrich. Moteurs Aster, Motocycles, etc. — Tricycles de Dion, Bollée, etc. — Excursions. — Réglementation. — In-16, 67 figures, 2me édition (1900). — Prix 3 fr.

Bière.

Manuel pratique de la Fabrication de la Bière, par P. BOULIN, chimiste-industriel; un gros volume in-16, avec figures dans le texte et une planche (plan d'une grande brasserie). — Préparation du malt. — Brassage. — Le moût. — Houblonnage. — Fermentation. — Levure. — Mise en levain, etc. — Les fûts. — Caves. — Clarification. — Diverses méthodes de brassage. — Analyse. — Falsification, etc. — Prix. **9 fr.**

Tables du degré de fermentation et du rendement en extrait donnés immédiatement sans calcul, par Jean STAUFFER, professeur à l'École de brasserie de Munich. 1 grand volume in-8° de 964 pages. Cartonné toile. — Prix. . . . **10 fr.**

Bois et Arbres.

Conservation des Bois. Séchage rapide, imputrescibilité et ininflammabilité des bois, par P. DUMESNY, in-16 avec figures, 1902.—Prix. **1 fr. 50**

Arbres fruitiers et la Vigne. Fumure. — Conduite. — Multiplication. — Variétés : Abricotier. — Amandier. — Cerisier, etc. — La Vigne. — Cépage, Culture, Accidents, Maladies, par P. D'AYGALLIERS, 48 figures. — Prix . . . . **3 fr.**

Traité de Sylviculture générale. Culture, Aménagement et Gestion des Forêts, par Alexis FROCHOT, sous-inspecteur des Forêts. — 1 volume in-8°, 264 pages, 41 figures. — Prix . . . . **10 fr.**

Bougies (Voir SAVONS).

Théorie et pratique de la Fabrication des Bougies, des Chandelles et Savons de Toilette, par Léon DROUX et V. LARUE, ingénieurs-chimistes ; in-8° de 592 pages, 108 figures dans le texte et un atlas de 19 planches in-4°, cartonnage toile anglaise.

Cet ouvrage doit être considéré comme un *vade-mecum* indispensable pour tous ceux dont l'industrie a pour base les matières grasses : fabricants d'acides gras, huiliers, stéariniers, chandeliers, savonniers et parfumeurs, etc. Sous une forme condensée, on y trouve, avec les renseignements les plus complets, les études théoriques et pratiques sur les matières premières, l'outillage, la fabrication, les progrès réalisés dans chacune de ces industries. — Prix. . . . . **20 fr.**

Briques et Tuiles.

Guide du Briquetier : Briques, Tuiles, Carreaux, Tuyaux et autres produits en terre cuite, par Émile LEJEUNE, ingénieur-industriel; 3me édition contenant 219 figures dans le texte. — Prix. **8 fr.**

Fabrication des Briques et des Tuiles, suivie de la fabrication des pierres artificielles, des poteries communes, Porcelaines et Faïences, par MM. BONNEVILLE, JAUNEZ et SALVÉTAT, 3me édition, 29 figures et 11 planches, cartonné toile anglaise. — Prix. . . . . **10 fr.**

Chaleur.

La Chaleur. Leçons élémentaires sur la thermométrie, la calorimétrie, la thermodynamique et la dissipation de l'énergie, par J. Clerk Maxwell F. R. S., édition française d'après la 8me édition anglaise, par G. Mouret, ingénieur des ponts et chaussées, avec préface de M. A. Potier, membre de l'Institut, in-16, figures dans le texte. — Prix. . . . . **6** fr.

Chauffeurs (Voir Automobiles, Mécanique et Machines).

Catéchisme des Chauffeurs et des Machinistes, traitant de la législation, de la combustion, de l'entretien, de la conduite des machines, mise en marche, description des organes, arrêt, machines spéciales, chaudières, foyers, appareils de sûreté, etc., 5me édition, revue et augmentée d'un appendice, in-16, figures dans le texte.
Prix . . . . **1 fr. 50**

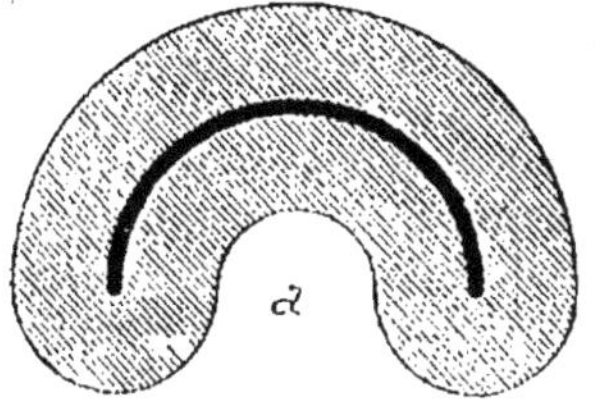

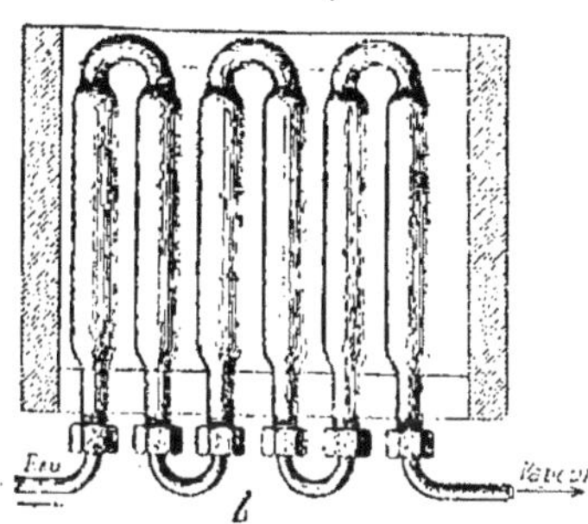

Coupe d'un tube de générateur Serpollet.
Raccord des tubes dans le générateur.

Chaux et Ciments (Voir Briques et Tuiles).

Guide du Chaufournier et du Plâtrier, du fabricant de ciments, bétons et mortiers hydrauliques, par Émile Lejeune, ingénieur; 3me édition, 1 beau volume in-16, 59 figures dans le texte. — Prix . . . . . . **5** f.

Chemins de fer.

Calcul des Voies. Partie théorique et Formules, par J. Maridet, chef de section P.-L.-M., in-8°, 1876, — Prix réduit . . . . **2 fr. 50**

Chimie (Voir page 28).

Dictionnaire de Chimie industrielle, contenant toutes les applications de la Chimie à l'Industrie, à la Pharmacie, à la Métallurgie, à l'Agriculture, à la Pyrotechnie et aux Arts et Métiers, avec la traduction russe, anglaise, allemande, espagnole et italienne des principaux termes techniques, par M. A.-M. Villon, ingénieur-chimiste, professeur de technologie chimique, ancien rédacteur en chef de *la Revue de Chimie industrielle,* et par M. P. Guichard, Président de la Société de Pharmacie Membre de la Société chimique de Paris, ancien professeur de Chimie et de Teinture à la Société industrielle d'Amiens; 3 beaux volumes in-4°, 2,300 pages, 1,200 figures. — Prix . . . . **75** fr.

On vend séparément :

Le tome Ier, **30** fr. — Le tome II, **25** fr. — Le tome **III, 25 fr.**

Principes de Chimie, par DIMITRI MENDÉLÉEFF, professeur à l'Université de Saint-Pétersbourg (édition française), par MM. ACHKINASI et CARRION, avec préface par M. le professeur Armand GAUTIER, 2 vol. in-16 cartonnés.

TOME I. — L'étude de la chimie. — L'eau et ses combinaisons. — Composition de l'eau et hydrogène. — L'oxygène. — Ozone et peroxyde d'hydrogène. — Loi de Dalton. — Azote et air atmosphérique. — Composés hydrogénés de l'azote. — Molécules et atomes. — 1 vol. in 16, nombreuses figures, 585 pages. — Prix. . . . . **7 fr. 50**

TOME II. — Carbone et hydrocarbures. — Chlorure de sodium. — Les Halogènes : chlore, brome, iode, fluor. — Potassium, rubidium, cesium, lithium. — Capacité calorique des métaux. — Similitude des éléments et Loi périodique. 1 vol. in-16, figures dans le texte, 499 pages. — Prix. **7 fr. 50**

Chocolat.

Manuel pratique du Chocolatier. Le Cacaoyer et sa culture. — Examen et choix du cacao. — Aromates. — Fabrication du chocolat. — Mélange. — Broyage et finissage. — Installation d'une chocolaterie moderne. — Différentes sortes de chocolat. — Moulage et empaquetage. — Falsification. — Par L. DE BELFORT DE LA ROQUE; in-16, nombreuses fig. — Prix. **4** fr. **50**

Cidre.

Cidre, Poiré et Boissons économiques. Culture du pommier et du poirier, — Fabrication du Cidre et du Poiré. — Maladie du Cidre, Remèdes. — Eaux-de vie — Vinaigre. — Conservation des fruits. — Vins de Dattes, Figues, Poires, Pommes tapées. — Vins de fruits frais : Cerises, Prunes, Framboises, Groseilles, etc., 24 fig., par E. RIGAUX. **1** fr. **50**

Combustibles (Voir GAZ).

Étude sur les Combustibles en général et sur leur emploi au chauffage par les gaz, par M. LENCAUCHEZ, ingénieur civil; 1 vol. grand in-8°, 344 pages, 55 fig. dans le texte et un atlas de 31 pl. in-folio. — Prix. **16** fr.

Comptabilité.

Traité général théorique et pratique de Comptabilité commerciale, Industrielle et administrative, par G. OPPELT. — Ouvrage adopté pour l'Enseignement. 1 volume in-8° (1876), 367 pages. — Prix réduit. . . . . **4** fr.

Compteurs.

Les Compteurs d'Électricité, par Ernest Coustet. 1 beau volume in-16 avec 56 figures dans le texte. — Prix. . . . . . . **2** fr. **50**

Dégagé de principes abstraits et de calculs compliqués, cet ouvrage a été rédigé de façon à être accessible à tous. Il pourra être mis utilement entre les mains du

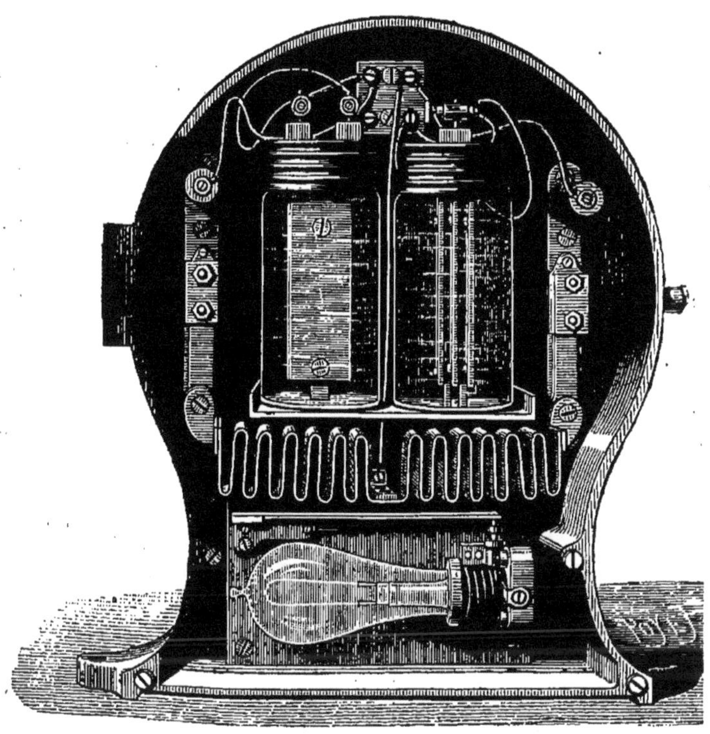

Compteur Edison (coupe).

monteur chargé de placer les compteurs, de les régler, de les vérifier et de les nettoyer. L'employé qui recueille chaque mois les indications des totalisateurs, en vue du calcul de la dépense, le consultera avec fruit. Enfin, l'abonné lui-même pourra y trouver des notions intéressantes, lui permettant de se rendre compte de la marche du compteur installé chez lui, de reconnaître si les factures qui lui sont présentées correspondent bien aux indications des cadrans et de vérifier si ces dernières sont exactement en rapport avec sa consommation effective.

Spécimen des figures : Autoclave.
Appareil domestique pour la cuisson des conserves
pour restaurants, hôtels, châteaux, etc.

Conserves.

Manuel des Conserves alimentaires. Fruits, Légumes, Poissons, Gibier et Animaux de boucherie, in-16, nombreuses figures, 1902, par R. DE NÔTER. — Prix . . . . . . 3 fr.

Corderie.

Fabrication des Cordes, Câbles, Ficelles et Filins. Fabrication à la main et fabrication mécanique. — Matières textiles. — Variétés. — Goudronnage. — Cordes en chanvre. — Chanvre de Manille. — Essai des cordages. — Chanvre de corderie. — Défibrage des vieux câbles — Cordes de fantaisie, etc. — Par Alfred RENOUARD, manufacturier à Lille; in-8°, 44 figures. — Prix. . . . . 10 fr.

Corps gras.

Les Corps gras. Huiles végétales, non-siccatives, siccatives. — Huiles animales. — Graisses végétales. — Graisses animales. — Suifs. — Cires. — Matières grasses minérales. — Lubrifiants, etc. — Par A.-M. VILLON, ingénieur-chimiste, in-16, figures dans le texte. (2me tirage). — Prix. . 6 fr.

Le Frottement, le Graissage des Machines et les Lubrifiants, par R. H. THURSTON, professeur à l'Université de New-York, 2me édition française; 1 vol. in-16, avec figures dans le texte. — Prix. . . . . 4 fr.

Couleurs (Voir TEINTURE).

Manuel pratique de la Fabrication des Couleurs. Matières premières employées dans la préparation des couleurs, essences et vernis, par MM. R. LEMOINE et Ch. DU MANOIR; 1 beau volume in-8°, 360 pages. — Prix. . . . . 6 fr.

L'ouvrage que nous présentons au public est le plus complet qui ait été fait jusqu'à ce jour; les documents et les matériaux dont nous nous sommes entourés ont été puisés aux sources les plus sûres, nos expériences personnelles nous ont permis d'écarter de la pratique tout ce qui n'offrait pas une garantie suffisante.

Nous avons évité l'emploi des termes scientifiques, ayant moins en vue de faire une œuvre de savant que d'être utile à ceux qui emploient journellement les couleurs.

Nous espérons avoir rendu service à tous ceux qui s'occupent de la couleur, à quelque titre que ce soit, et qu'ils nous sauront gré de la publication de ce travail.

Notions générales sur les Matières colorantes organiques artificielles, par Jules MAMY; 1 volume in-16, 72 pages. . . . . 1 fr. 50

Dessin.

Cours de Dessin industriel à l'usage des élèves des écoles professionnelles.—1re PARTIE : Géométrie graphique, 10 planches ; 2me PARTIE : Géométrie des solides, 20 planches ; 3me PARTIE (1re série) : Construction des machines, par G. BARDIN, professeur de dessin industriel. — 3 vol. in-f°, 1864. (Publié à 13 fr.). — Prix . . . . 5 fr.

Distillation. — Alcools. — Liqueurs.

Guide pratique du Distillateur. Fabrication des Liqueurs. Distillation. — Rectification. — Filtrage. — Tranchage. — Générateurs. — Matières sucrées. — Conserves. — Sirops. — Punchs. — Miels et Hydromels. — Fruits à l'eau-de-vie. — Boissons gazeuses. — Liqueurs de ménage. — Par Édouard ROBINET (d'Épernay) ; 1 fort volume in-16, 424 pages. — Prix. . . . . 5 fr.

Un Guide du Liquoriste comprenant non seulement la fabrication industrielle des liqueurs, mais encore toutes les recettes connues utilisables par un ménage, manquait dans la série des ouvrages publiés jusqu'à ce jour, c'est cette lacune que nous avons comblée.

Manuel pratique de la Fabrication des Alcools. Alcools de vin, de cidre, de poiré, de betteraves, de mélasses, etc., par E. ROBINET et CANU ; in-16, 32 figures dans le texte. — Prix. . . 3 fr.

Distillation. Traité ou Manuel complet théorique et pratique de la distillation de toutes les matières alcoolisables : grains, pommes de terre, vins, betteraves, mélasses, etc., contenant la description de tous les principaux appareils connus et en usage dans la pratique, par Charles STAMMER ; 1 vol. grand in-8°, 452 pages, accompagné de 88 fig. dans le texte et de nombreux tableaux. Cartonné toile anglaise (1880). — Prix. . . . . 20 fr.

Dynamos.

Les Machines dynamo-électriques. De leur origine jusqu'aux derniers types industriels, par P. CLÉMENCEAU, ingénieur des Arts et Manufactures. — 1 vol. in-16 avec 116 fig. dans le texte. — Prix. . . 5 fr.

TABLE DES MATIÈRES. — Théorie de l'induction. — De la machine dynamo-électrique. — Historique et machines diverses. — Anneau Gramme et modifications. — Machines dynamo-électriques à courants alternatifs. — Machines magnéto-électriques à courants alternatifs. — Machines à courant continu et induit en forme d'anneau. — Machines dynamo-électriques à induit en forme de bobine ou tambour cylindrique. — Machines dynamo-électriques à courants alternatifs. — Machine magnéto-électrique. — Machine à induit en forme de disque. — Notions pratiques relatives aux machines dynamos.

Eaux.

Manuel pratique d'Analyse micrographique des Eaux, par P. FABRE-DOMERGUE, directeur du Laboratoire de Zoologie maritime; in-16, 10 fig. — Prix. . . . . 1 fr. 50

École Centrale des Arts et Manufactures.

(Portefeuille des Travaux de Vacances, voir deuxième partie du Catalogue.)

Électricien. — Manuels d'Électricité. — Lumière Électrique.

Manuel pratique du Monteur-Electricien. Le Mécanicien-chauffeur-électricien. — Montage et conduite des installations électriques, etc., par J. LAFFARGUE, ingénieur-électricien, attaché au service municipal de contrôle des Sociétés d'électricité de la Ville de Paris. — Petit in-8°, reliure anglaise, environ 1000 pages, 700 figures et 5 planches en couleurs. — Nouvelle édition 1903. — Prix . . . . 10 fr.

Cet ouvrage rendra d'éminents services, d'abord aux monteurs et aux chauffeurs, mais aussi aux ingénieurs et aux chefs d'industrie. Aucun ouvrage analogue ne peut lui être comparé. Il y a abondance de livres sur l'électricité, mais, aucun que nous sachions, ne groupe dans un exposé aussi méthodique, aussi clair, autant de renseignements pratiques. C'est là l'originalité de l'ouvrage. L'auteur, comme on dit, met la main à la pâte, et il ne craint pas d'insister sur les menus détails. Avec lui, on ne se contente pas de la théorie, on fait du métier. Sous sa direction, on devient vite expert dans l'art de manier les machines, les distributeurs électriques et leurs accessoires. Au fond il s'agit d'un cours d'électricité industrielle fait par un ingénieur très compétent. M. Laffargue a professé ce cours depuis des années à la fédération professionnelle des chauffeurs de France et d'Algérie; plus que personne, il a compris comment il fallait s'y prendre pour familiariser ses auditeurs avec les petites difficultés d'ordre pratique qui gênent les débutants, aussi a-t-il réussi à écrire un livre que nous ne craignons pas de qualifier de « modèle du genre ».

Ce Manuel est d'ailleurs complet sous sa dernière forme. Production de l'énergie, dynamos à courants continus alternatifs, polyphasés, accumulateurs, transformateurs, appareils de mesure, canalisations, installations publiques et privées, etc. N'insistons pas davantage. Ce qu'il importe que l'on sache, c'est qu'il existe maintenant un manuel, un vrai guide pratique du monteur, un *vade-mecum* de l'électricien. Ce livre rendra de véritables services à l'industrie.

Les Lampes électriques. Régulateurs. — Incandescence, par P. D'URBANITZKI. — Deuxième édition française, revue et augmentée, par Georges FOURNIER, ingénieur-électricien. — Un beau volume in-16 de 250 pages avec 126 figures dans le texte. — Prix. . . . . 4 fr. 50

Manuel pratique de l'installation de la Lumière électrique, par J.-P. ANNEY, ingénieur-électricien.

1re partie. — Installations privées. — Troisième édition. — 1 beau volume in-16 de 344 pages, avec 135 figures dans le texte. — Prix. . . . . . 5 fr.

2me partie. — Stations centrales. — 1 beau volume in-16, avec 99 figures dans le texte et 10 planches dont 8 en couleurs. — Prix . . . . . . 7 fr.

EXTRAIT DE LA TABLE DES CHAPITRES.— 1er volume. — *Installations privées*, avec 135 figures dans le texte. — Règles générales d'installation. — Moteurs. — Machines électriques. — Installation des machines et leur entretien. — Accumulateurs. — Lampes à arcs. — Bougies. — Lampes à incandescence. — Appareils de mesure. — Appareils de sécurité et de contrôle. — Interrupteurs et commutateurs. — Régulateurs de courant. — Tableaux de distribution. — Conducteurs. — Installations et canalisations. — Installations particulières.

2me volume. — *Stations centrales*, avec 99 figures dans le texte et 10 planches. — Distributions de courant. — Distributions à haute tension. — Distributions par transformateurs à courants continus. — Distributions par transformateurs à courants alternatifs. — Compteurs. — Etablissement des usines. — Établissement du réseau. — Installations intérieures chez les abonnés.

L'Électricité dans la Maison moderne, par Ernest COUSTET, ingénieur-électricien. — Production du courant. — Éclairage. — Chauffage. — Moteurs domestiques. — Assainissement. — Sonneries. — Horloges. — Téléphone. — Paratonnerres. — 1 fort volume in-16, avec 185 figures (1900). — Prix cartonné. . . . . 4 fr. 50

Câbles d'Éclairage électrique et Distribution de l'Électricité, par STUART A. RUSSEL. — Traduit avec l'autorisation de l'auteur par G. FORMENTIN. — 1 fort volume in-16, avec 107 figures dans le texte. — Prix . . . . 6 fr.

Aide-Mémoire de l'Ingénieur-Électricien. Recueil de tables, formules et renseignements pratiques à l'usage des électriciens, par G. DUCHÉ, B. MARINOVITCH, E. MEYLAN et G. SZARVADY. — Sixième tirage, augmenté par P. JUPPONT, ingénieur des Arts et Manufactures. — 1 beau volume in-16, nombreuses figures intercalées dans le texte, cartonnage anglais. Prix . . . . 6 fr.

Catéchisme d'Electricité pratique. Premières leçons à la portée de tous. — Électricité statique. — Magnétisme. — Unités et Mesures. — Piles. — Accumulateurs. — Machines dynamo et magnéto électriques. — Lampes et Éclairage. — Téléphonie. — Sonneries. — Par Ernest SAINT-EDME, ancien professeur de physique à l'École Turgot. — 1 volume in-16 avec 73 fig., cartonné, deuxième édition. — Prix. . . . . . **2 fr. 50.**

TABLE DES CHAPITRES. — Chapitre I. Généralités sur l'électricité statique. — Chapitre II. Magnétisme. — Chapitre III. Unités et Appareils de mesure. — Chapitre IV. Les Piles électriques. — Chapitre V. Accumulateurs. — Chapitre VI. Les Machines magnéto et dynamo-électriques. — Chapitre VII. L'Éclairage et les Lampes électriques. — Chapitre VIII. Tableaux de distribution; conducteurs; installations de lignes. — Chapitre IX. Téléphonie. — Chapitre X. Sonneries électriques.

Petit Guide du Constructeur-Électricien, par E. KEIGNART. — 1 vol. in-18 de 86 pages avec 50 fig. dans le texte. — Prix. **1 fr.**

Électrolyse (Voir GALVANOPLASTIE.)

L'Électrolyse et l'Électro - Métallurgie, par Edouard JAPING, ingénieur-électricien. — Troisième édition française, augmentée d'un appendice sur l'électro-métallurgie à l'exposition de 1900, par L. GUILLET, ingénieur-chimiste, 1 volume in-16 illustré de nombreuses figures dans le texte. — Prix . . . . **4 fr**

Encres et Cirages.

Fabrication des Encres et Cirages. *Encres à écrire, à copier, métalliques, à dessiner, lithographiques. — Cirages, vernis et dégras.* — Encres à écrire. — Matières premières. — Constitution chimique. — Fabrication des encres à l'acide tannique. — Encres à l'acide gallique. — Encres au campêche. — Encres au sesquioxyde de fer. — Encres à l'alizarine. — Encres de matières extractives. — Encres à copier. — Encres hectographiques. — Encres de sûreté. — Extraits d'encres et encres en poudre. — Conservation de l'encre. — Encres de couleur. — Encres métalliques. — Encres solides. — Encres et crayons lithographiques. — Crayons autographiques. — Crayons d'encre. — Crayons de couleur. — Encres à marquer. — Encres spéciales. — Encres sympathiques. — Encres pour timbres et tampons. — Bleu d'azurage du linge. — Fabrication du cirage pour chaussures, des vernis, et de la graisse pour le cuir. — Fabrication du noir d'os. — Fabrication du dégras. — Édition française, par DESMAREST, d'après LEHNER et BRUNNER. — 1 volume in-16 de 345 pages. — Prix. . . . **5 fr**

Fécule.

Fabrication de la Fécule, l'Amidon et leurs Dérivés, par J. FRITSCH, chimiste; in-16 avec 112 figures—Prix. **6 fr.**

Filets de pêche.

Fabrication et Emploi des Filets de Pêche, par le commandant VANNETELLE; 1 vol. in-16, 64 figures. — Prix . . . . . . **3** fr.

Galvanoplastie (Voir ELECTROLYSE).

Manuel de Galvanoplastie. Dorure, argenture, cuivrage, nickelage, étamage, par Georges BRUNEL; 1 volume in-16, avec 28 fig. dans le texte. — Prix . . . **4** fr.

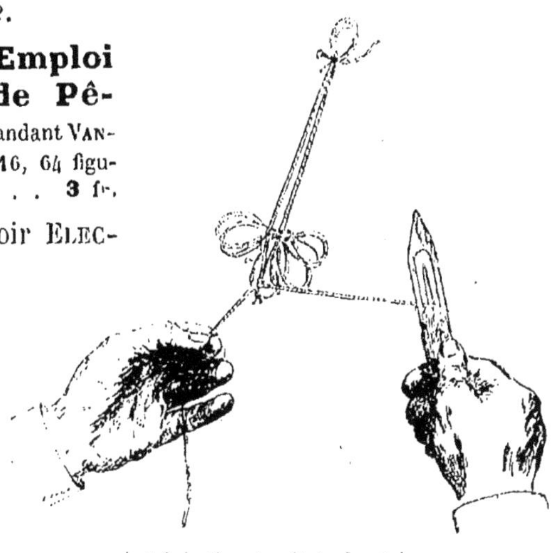

Fabrication des filets de pêche.

Galvanoplastie. — Décomposition électrolytique. — Appareils. — Sources d'électricité. — Piles. — Machines dynamos. — Accumulateurs. — Préparation des surfaces. — Moulage. — Métallisation. — Mise au bain. — Galvanotypie.

Électrochimie. — Préparation des surfaces. — Décapages. — Dorure à froid, à chaud. — Dédorage. — Extraction de l'or des vieux bains. — Argenture. — Conduite de l'opération. — Résumé des opérations. — Désargenture. — Extraction de l'argent des vieux bains. — Argenture des miroirs et des glaces. — Cuivrage. — Laitonisage. — Nickelage. — Préparation des pièces. — Conduite de l'opération. — Dénickelage. — Divers métaux. — Zingage. — Ferrage et aciérage. — Platinage. — Aluminiage. — Plombage. — Étamage. — Antimoniage. — Cobaltisage.

Dépôts métalliques par simple immersion. — Finissage des pièces. — Procédés, Recettes et tours de main. — Dorure au trempé. — Dorure de l'aluminium. — Argenture au trempé. — Cuivrage au trempé. — Étamage au trempé. — Antimoniage au trempé. — Ors de couleur. — Argent et vieil argent. — Epargnes. — L'anthropoplastie galvanique. — Formules et procédés utiles. — Recettes diverses.

Gaz (Voir COMBUSTIBLES).

Études sur divers Gaz combustibles, par A. LENCAUCHEZ, ingénieur civil.

1re partie. — Usages industriels et principalement pour la production de la force motrice; 120 pages, 2 planches, 33 figures, 1899. — Prix . . **3** fr.

2me partie. — Production des gaz, des gazogènes et des hauts-fourneaux, épuration et emploi par les moteurs à gaz; 116 pages, 4 planches, 10 figures, 1902. — Prix . . . . **3** fr.

Géodésie.

Manuel pratique de Géodésie, par G. DALLET, du Service géographique de l'Armée; in-16, figures dans le texte. — Prix. . . 4 fr.

Goudrons.

Étude sur les Goudrons et leurs nombreux Dérivés, par KNAB, ingénieur-chimiste, grand in-8° de 102 pages avec 8 fig. (1884).— Prix. . . . . 3 fr.

Horlogerie.

L'Horlogerie électrique, par A. TOBLER, professeur à l'École polytechnique de Zurich. Édition française revue et augmentée, par L. DE BELFORT DE LA ROQUE, ingénieur civil. — Un volume in-16, avec 65 figures dans le texte. — Prix. . . . . 3 fr.

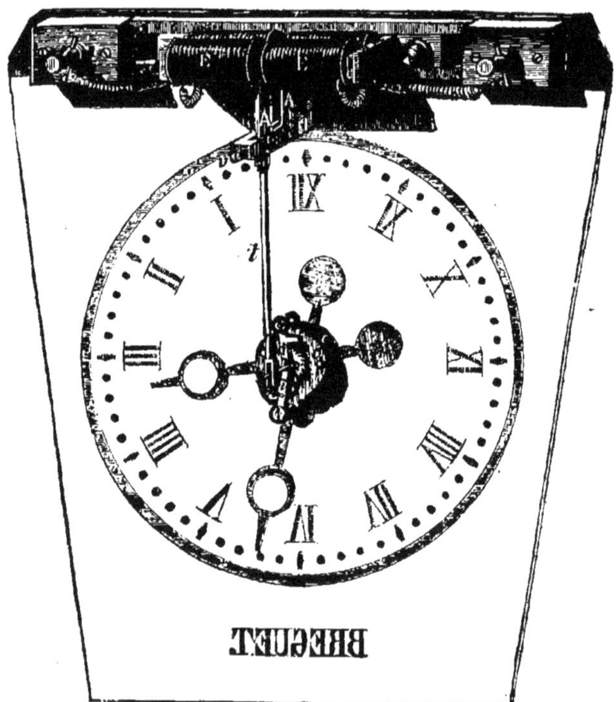

Horloge électrique, système BRÉGUET.

TABLE DES MATIÈRES. — Unités de mesures. — Unités fondamentales, système C. G. S. —Unités géométriques. — Unités mécaniques. — Unités électro-magnétiques. — Introduction. — Appareils à cadrans sympathiques et régulateurs. —

Horloges de Wheatstone, Bain, Garnier, Stohrer, Fritz, Bréguet, Siemens et Halske, du chemin de fer de Droz, de Houdin-Callaud et Mildé, Gloesener, Hipp. Arzberger. — Appareil de contact à mercure de Leclanché et Napoli, et de E. Lias. — Remise à l'heure. — Systèmes de Bréguet, de Collin. — Réglages des horloges à Berlin, à Paris. — Système de Barraud et Lund. — Système de Hipp. — Horloges à pendules électriques de Liais et de Kramer. — Horloge à pendule de Hipp. — Horloge de Schweizer. — Pendules à remontoir électrique. — Pendules à remontoir Mouilleron et Anthoine. — Pendule de Callaud. — Horloge de M. Bréguet. — Pendule électrique à remontoir et à sonnerie, système Japy frères et Cie. — Horloges électriques, système Château. — Horloges à remontage électrique.

Houille.

La Houille. Épuration, criblage, triage et lavage de la houille, par A. Burat, ingénieur, professeur à l'École centrale des Arts et Manufactures; in-4° avec 8 planches in-folio (1881). — Prix. . . . . **10 fr.**

Ingénieur.

Carnet de l'Ingénieur. Recueil de tables, de formules et de renseignements usuels et pratiques sur l'industrie, chimie, physique, mécanique, machines à vapeur, hydraulique, résistance, frottements, etc., à l'usage des ingénieurs, des constructeurs, des architectes, des chefs d'usines, des mécaniciens, des directeurs et conducteurs de travaux, des agents-voyers, des manufacturiers et des industriels; par une réunion d'ingénieurs et de savants français et étrangers (Carnet Lacroix); 1 volume in-16, relié toile, format de poche, 400 pages petit texte compact, avec nombreuses figures, etc. — 53me tirage. — Prix. . . . . **4 fr. 50**

Irrigations.

Irrigations du Midi de l'Espagne, par M. Aymard, ingénieur des ponts et chaussées; in-8°, 320 pages et atlas de 16 planches in-fol. — Publié à 30 fr. (1864). — Prix. . . . . **18 fr.**

Tout le monde sait que des résultats merveilleux ont été obtenus dans le Midi de l'Espagne, contrée autrefois aride et dévastée par les torrents; mais peu de personnes connaissent les travaux qui ont amené ces résultats, et pourraient dire par quelles combinaisons administratives on a pu grouper et réunir en faisceau toutes les volontés qui ont concouru à créer l'état de choses existant et qui concourent à le maintenir et à l'améliorer.

L'ouvrage de M. Aymard est tellement rempli de faits et présente, sur une foule de points, des renseignements si détaillés et si étendus, qu'il est presque impossible de l'analyser. Il donne une description détaillée des travaux à l'aide desquels on a créé les irrigations. L'auteur a aussi consacré un chapitre fort complet à l'alimentation des villes qu'il a visitées.

Laine.

Travail des Laines cardées. Cardage et filage, par A. Lohrisch, édition française, par H. Danzer, ingénieur; in-8°, 86 pages et 52 figures. Prix. . . . . **3 fr.**

Lait.

Laiterie, Beurre et Fabrication des Fromages. Lait. — Analyse. — Conservation. — Écrémage. — Barratage. — Conservations. — Fromages mous, frais, affinés, cuits, etc., par E. RIGAUX, professeur à l'École d'Agriculture de Mende, 320 pages, 73 figures. — Prix . . . **3** fr.

Laminage.

Manuel pratique de Laminage du Fer. Principe du laminage. — Influence du diamètre des cylindres. — Influence de la vitesse. — Influence de la nature, de l'état calorique et de la manière dont on présente le fer aux cylindres. — Applications des principes du laminage. — Classement des trains de laminoirs. — Règle du tracé des cannelures. — Classification des trains de laminoirs. — Trains de puddlage. — Gros train n° 1. — Gros train n° 2. — Train cadet. — Train à guides. — Train mixte. — Train machine. — Généralités sur les cylindres. — Classification des cylindres. — Lignes des cannelures. — Entrée des cannelures. — Sortie des cannelures. — Guidage des cylindres. — Levage des cylindres. — Montage des cylindres dans les cages. — Guidage du fer à l'entrée et à la sortie des cylindres. — Tracé des cannelures.

Acier : Dégrossisseurs ogives. — Dégrossisseurs carrés. — Mises du puddlage. — Fers plats. — Gros ronds. — Gros carrés. — Feuillards. — Fers en U. — Fers à T doubles-cornières. — Fers à simple T. — Fers à paumelles. — Fers zorès. — Rails. — Fers à bourrelets. — Fers demi-ronds. — Vitrages et demi-vitrages. — Fers à nœuds pour crampons. — Petits carrés aux guides. — Petits ronds droits aux guides.

Par F. NEVEU et L. HENRY, ingénieurs-métallurgistes; 1 volume in-16, avec 6 figures et 10 tableaux et atlas de 117 planches in-folio. — Prix. . **40** fr.

Mécanique et Machines (Voir CHAUFFEURS).

Éléments proportionnels de Construction mécanique, disposés en séries propres à faciliter l'étude et l'exécution des diverses pièces détachées des constructions mécaniques, par D.-A. CASALONGA, ingénieur civil, ancien élève des Arts et Métiers; 1 vol. cartonné, grand in-4°, comprenant un texte et 64 planches. — Prix . . . . **25 fr.**

Le but de cet ouvrage est de permettre de déterminer rapidement par une simple lecture et d'une façon précise, les dimensions des divers détails d'une construction mécanique donnée.

Il se compose d'un texte et de planches comprenant les figures des pièces étudiées et divers tableaux donnant toutes les dimensions des séries les plus employées.

Cet ouvrage contient 2,405 séries et 37,734 dimensions diverses.

Les dessinateurs-mécaniciens, les chefs de travaux ou de bureaux de dessin, les ingénieurs pour la construction, trouveront un aide efficace et un contrôle sûr dans la possession de ces documents, où ils puiseront les détails des projets dont ils auront déterminé les conditions principales.

Manuel de l'Ouvrier Mécanicien. 8 volumes in-16 avec nombreuses figures dans le texte, par M. Georges FRANCHE, ingénieur-mécanicien (Arts et Métiers, E. C. P).

1re Partie. — *Principes de Mécanique générale :* Statique, Cinématique, Dynamique, Théorie de la chaleur. Un vol. in-16 cartonné, 95 figures. Prix . . . . **2** fr.

2me Partie. —	Outils. Machines-Outils.	*En préparation.*
3me —	Forge, Fonderie.	
4me —	Engrenages, Transmissions.	
5me —	Boulons, Rivets, Chaudronnerie.	
6me —	Machines à vapeur;	
7me —	Moteurs à gaz, pétrole et alcool.	
8me —	Hydraulique.	

Cours de Chaudières et de Machines à vapeur. Théorie et pratique, par L. POILLON, ingénieur-mécanicien (1877) avec supplément (1879), 2 beaux volumes in-8°, 687 pages et 14 planches. — Publié à **30** fr. — Réduit à. . . . . **9** fr.

Catéchisme des Chauffeurs et des Machinistes. Législation. — Combustion. — Conduite. — Entretien. — Mise en marche. — Organes, etc., 5me édition revue et augmentée, in-16, figures dans le texte. Prix . . . . **1** fr. **50**

Des Régulateurs appliqués aux Machines à vapeur par V. LEBEAU, in-8°, 10 figures (1890). — Prix . . . . **2** fr.

Meunerie.

Manuel pratique de Meunerie. Meules et Cylindres. — Les céréales.—Mouture.—Les farines.—Par A. LARBALÉTRIER, professeur à l'École d'agriculture d'Oraison et de L. DE BELFORT DE LA ROQUE, ingénieur-chimiste; 1 fort volume in-16, figures dans le texte. — Prix . . . . **6** fr.

Mines. — Minéralogie. — Lithologie (Voir SONDAGES).

Manuel pratique du Prospecteur. — Guide du prospecteur et du voyageur pour la recherche des métaux et des minéraux précieux, par J.-W. ANDERSON. — Édition française, d'après la huitième édition anglaise, par J. ROSSET, ingénieur civil des Mines. — In-16, 73 figures dans le texte (1901). Prix : cartonné toile, **5** fr. ; broché. . . . . **4** fr. **50**

Cours de Minéralogie professé à l'École Centrale, par DE SELLE, professeur à l'École Centrale. — Minéralogie : phénomènes actuels. Les dix-huit premiers chapitres traitent des phénomènes qui ont bouleversé notre globe; les chapitres suivants traitent de la minéralogie et donnent la description de toutes les espèces et variétés minérales considérées comme indiscutables et classées par familles; 1 fort volume de 585 pages in-8° et 1 atlas de 147 planches comprenant 978 figures et 27 tableaux. (Publié à 25 fr.). — Prix. . . . . **12 fr. 50**

Lithologie du fond des Mers, publié sous les auspices de MM. les Ministres de la Marine et des Travaux publics, par M. DELESSE, ingénieur en chef des Mines, professeur à l'École des Mines. — 1 volume in-8°, 480 pages de texte; 1 volume de 136 pages de tableaux et un atlas de 4 planches in-folio, en couleurs (Publié à 35 francs). — Prix. . **12 fr. 50**

Or.

L'Or. Gîtes aurifères. Extraction de l'Or. Traitement du minerai. — Emplois et analyse de l'or. — Vocabulaire des termes aurifères. — Par H. DE LA COUX, ingénieur-chimiste; 1 beau volume in-16, nombreuses figures dans le texte. — Prix. . . . . **5 fr.**

Parfumerie.

Manuel du Parfumeur. Odeurs, essences, extraits et vinaigres de toilette, poudres, sachets, pastilles, émulsions, pommades, dentifrices; par W. ASKINSON; 2me édition française, par G. CALMELS. — Histoire de la parfumerie. — Matières odorantes en général. — Matières odorantes extraites du règne végétal. — Matières animales. — Produits chimiques. — Préparation des matières odorantes. — Des falsifications des huiles essentielles. — Essences et extraits. — Parfumerie proprement dite. — Parfums de mouchoirs. — Parfums ammoniacaux. — Des parfums secs. — Pastilles fumigatoires. — Parfumerie cosmétique et hygiénique. — Préparation des émulsions, des poudres, des pâtes, du lait végétal et des crèmes. — Des préparations employées pour l'hygiène des cheveux et de la bouche. — Parfumerie cosmétique. — Fards et produits servant à embellir la peau. — Préparation pour colorer les cheveux et préparations épilatoires. — Cires, bandolines et brillantines. — Des couleurs employées en parfumerie. — 1 fort volume in-16 avec 30 figures dans le texte. — Prix . . . . **6 fr.**

Les Huiles essentielles, par E. GILDEMEISTER et FR. HOFFMANN. Traduction par A. GAULT, avec préface de A. HALLER, professeur à l'Université de Paris. — Historique des procédés et appareils distillatoires. — Préparation des huiles par la distillation. — Principes constituants. — Essai des huiles essentielles. — Plantes d'où l'on tire les huiles essentielles. — Origine, production, propriétés. — Composition et commerce des huiles essentielles. 1 vol. in-8°, 868 pages, avec 84 gravures et 2 cartes 1900, 1/2 reliure avec coins tranches marbrées . . . . **25 fr.**

Phonographe.

Le Phonographe et ses applications, par A.-M. VILLON, ingénieur. — 1 volume in-16, avec 36 figures dans le texte. — Prix. **2 fr.**

Photographie.

Photographie. Encyclopédie de l'Amateur-Photographe, par MM. G. Brunel, P. Chaux, E. Forestier et A. Reyner; 10 volumes in-16, près de 500 figures dans le texte. — Prix (les 10 volumes dans un élégant étui) . . . . **20** fr.

On vend séparément chaque volume. . . . . **2** fr.

Voici les titres des volumes et l'analyse des matières que chacun renferme. On pourra ainsi juger du plan adopté pour cette *encyclopédie* appelée, croyons-nous, à rendre les plus grands services, aussi bien aux débutants qu'aux amateurs exercés.

N° 1. — **Choix du matériel et installation du laboratoire.** — Ce que c'est que la photographie. — Théorie abrégée. — Formation des images. — Image latente. — Corps sensibles, leur révélation. — Termes photographiques. — Différents appareils. — Les diaphragmes, les obturateurs. — Le laboratoire élémentaire ou complet, comment on l'installe. — Les accessoires. — Les produits, leur conservation. — Conditions hygiéniques du laboratoire, par G. Brunel et E. Forestier. — Prix . . . . . **2** fr.

N° 2. — **Le sujet. — Mise au point. — Temps de pose.** — Classement des opérations. — Choix du sujet. — Son éclairage. — Station et mise au point. — Le temps de pose. — Composition des vues, par G. Brunel. — Prix . . . . **2** fr.

N° 3. — **Les clichés négatifs.** — Les plaques sensibles. — Les pellicules. — Mise en châssis. — Le développement. — Les révélateurs, leur action. — Choix de révélateurs. — Formules simples et précises. — Les révélateurs à un bain, à deux bains. — Les révélateurs automatiques. — Fixage. — Lavage. — Alunage. — Séchage. — Vernissage. — Conservation des négatifs. — Répertoire des clichés. — Par G. Brunel et E. Forestier. — Prix . . . . **2** fr.

N° 4. — **Les épreuves positives.** — Les épreuves positives. — La préparation du papier sensible. — Différents papiers fournis par l'industrie. — Différents bains. — Les viro-fixateurs. — Virage, fixage. — Lavage, séchage. — Finissage. — Collage, montage, satinage. — Préparation d'un album. — Par G. Brunel. — Prix. . . . . **2** fr.

N° 5. — **Les insuccès et la retouche.** — Mauvais négatifs, mauvais positifs; causes, discussions, recherches. — Moyens d'éviter les insuccès. — Remèdes. — Bains compensateurs. — La retouche des clichés et des photocopies. — Par G. Brunel. — Prix. . . . . **2** fr.

N° 6. — **La photographie en plein air.** — Appareils spéciaux. — Détectives et jumelles. — La photographie instantanée. — Les sujets, conditions qu'ils doivent remplir. — La pose. — Les opérations de laboratoire. — La photographie scientifique, topographique, ethnographique, beaux-arts, par G. BRUNEL et P. CHAUX. — Prix . . . . 2 fr.

N° 7. — **Le portrait dans les appartements.** — Disposition et éclairage. — Les objectifs. — La mise au point. — Les écrans. — La pose et le maintien du modèle. — Différents procédés. — Conduite des opérations, par A. REYNER. — Prix . . . . 2 fr.

N° 8. — **Les agrandissements et les projections.** — Les agrandissements et les réductions. — Les projections. — Les positifs sur verre. — Epreuves sur opale. — Epreuves artistiques, par G. BRUNEL. — Prix. . . . . 2 fr.

N° 9. — **Les objectifs et la stéréoscopie.** — Quelques notions d'optique. — L'objectif photographique. — Différentes formes. — Classement. — Défauts, qualités. — Choix des objectifs. — Essai des objectifs. — Détermination et comparaison de la valeur des objectifs. — La photographie stéréoscopique, par G. BRUNEL. — Prix. . . . . 2 fr.

N° 10. — **La photographie en couleurs.** — Positifs colorés sur verre et sur papier, monochromes et polychromes. — Les différents tons pouvant être obtenus à l'aide du bain de virage. — La photographie des couleurs. — La photominiature et la photopeinture, par G. BRUNEL. — Prix . . . . 2 fr.

Nouveau traité complet de Photographie pratique, contenant les découvertes les plus récentes, par A. LIÉBERT, artiste photographe à Paris; 4me édition augmentée d'un appendice théorique et pratique sur le gélatino-bromure, 1 beau volume in-8° de 700 pages, 77 figures et 18 photographies, cartonnage élégant, toile anglaise avec plaque spéciale (1884, publié à 25 fr.). — Prix. . . . . 12 fr. 50

Guide du Photographe et de l'Amateur Photographe, par PAUL FABRE-DOMERGUE, 1 volume in-16, 128 pages, 48 figures, couverture ornée d'une épreuve instantanée. — Prix. . . . . 3 fr.

Piles (Voir ACCUMULATEURS-ÉLECTROLYSE).

Les Piles électriques et les Piles thermo-électriques, par W. HAUCK. — Troisième édition française, par G. FOURNIER, ingénieur-électricien. — 1 fort volume in-16, orné de 71 fig. dans le texte. — Prix . . . . 4 fr. 50

Radiographie.

Manuel pratique de Radiographie. Pratique des rayons X, par G. BRUNEL. — 1 volume in-16 avec figures dans le texte. — Prix. 1 fr.

Savons (Voir Bougies).

Manuel pratique du Savonnier. *Savons communs, savons de toilette, mousseux, transparents, médicinaux, pâtes et émulsions, analyse des savons*, par MM. Calmels et Wiltner, chimistes.

Extrait de la Table des Chapitres : Historique des savons. — Réaction fondamentale de la saponification. — Des matières employées pour la fabrication des savons. — Préparation des lessives alcalines. — Fabrication du savon. — De la saponification en général. — Classification des savons. — Fabrication des

Machine à mouler les savons.

diverses sortes de savons. — Savons médicinaux. — Moulage des savons. — Tableaux de cuisson. — Fabrication des savons par la vapeur. — Fabrication des savons de toilette. — Préparation de la masse destinée à la fabrication des savons de toilette. — Description des machines employées pour la fabrication des savons de toilette. — Couleurs et substances colorantes. — Recettes pour la préparation des savons de toilette. — Analyse des savons. — 1 volume in-16, 26 figures dans le texte. — Prix. . . . . 4 fr

Soie.

Manuel pratique de la Soie. Education des vers. — Filage des cocons. — Cuite. — Assouplissage. — Blanchiment. — Filature des déchets. — Moulinage. — Conditionnement des soies. — Teinture et dorure de la soie. — Par A. Villon, ingénieur à Lyon ; 1 fort volume in-16, nombreuses figures dans le texte. — Prix. . . . . 6 fr.

Sondages (Voir MINES).

Manuel pratique de Sondages. Études et recherches souterraines par sondages à de faibles profondeurs, par Ed. LIPPMANN, ingénieur civil. — 1 vol. in-16, avec 5 planches (1901). Prix, cartonné . . . . 4 fr. 50

Sonneries Electriques.

Les Sonneries électriques. Installation et entretien, par Georges FOURNIER, ingénieur-électricien, d'après O. CANTOR. — Quatrième édition. — 1 volume in-16, avec 59 figures dans le texte. — Prix . . . . . 2 fr. 50

EXTRAIT DE LA TABLE DES MATIÈRES. — Préface. — Unités électriques. — Introduction. — Les sonneries électriques employées aux usages domestiques. — Les appareils avertisseurs automatiques. — Installation et pose des circuits et appareils. Règles à observer. — Exemple de pose et d'installation. — Calcul des intensités de courant nécessité dans la pratique. Exemples. — Les sonneries électromagnétiques.

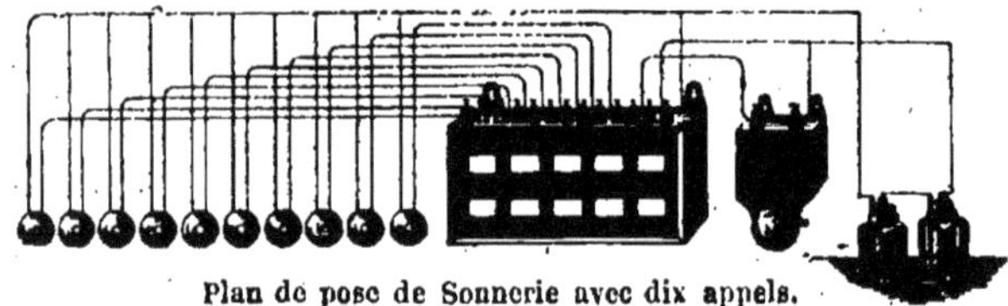

Plan de pose de Sonnerie avec dix appels.

Album de 32 plans de pose de sonneries électriques, par S. DENIS, fils aîné, constructeur-mécanicien. — Troisième tirage, in-12 oblong. — Prix. . . . . 1 fr.

Sucre.

Manuel du Fabricant de Sucre. Sucre de betteraves, de cannes; par P. BOULIN, chimiste-industriel; 1 beau volume in-16, 30 figures dans le texte (1889). — Prix. . . . . 6 fr.

Fabrication du Sucre (Traité complet théorique et pratique de la). — Guide du fabricant, par le Dr Charles STAMMER; 1 volume gr. in-8°, 718 pages avec 165 figures, nombreux tableaux dans le texte et 3 planches. Cartonné. (1875). — Prix. . . . . 20 fr.

Manuel pratique de Diffusion. Historique. — Théorie. — Diffusion. — Contrôle. — Rendements. — Devis. — Installation, par ÉLIE FLEURY et ERNEST LEMAIRE, in-8° (1880). — Prix réduit. . . . 3 fr.

Tabac.

Tabac. Description historique, botanique et chimique. — Climat. — Culture. — Frais. — Produits. — Mode de dessiccation. — Séchoirs. — Conservation. — Commerce; par V.-P.-G. DEMOOR. — In-18, 130 pag., 20 fig. — Prix. 2 fr.

Teinture (Voir Couleurs).

Manuel pratique du Teinturier. Matières colorantes, par J. Hummel, directeur du Collège de Teinture de Leeds. Édition française, par M. F. Dommer, professeur à l'École de physique et de chimie industrielles. — 1 fort volume in-16, 80 figures dans le texte.

Le Traité de la Teinture des Tissus, du professeur Hummel, est le livre classique des teinturiers anglais.

Machine pour exprimer le fil à teindre en rouge turc.

Nous avons pensé qu'il ne serait pas sans intérêt, pour les teinturiers français, de connaître cet ouvrage, où le praticien trouvera, à côté de la théorie, la pratique raisonnée des opérations de teinture, en même temps qu'une étude complète des matières colorantes, considérées au point de vue de leurs applications. — Prix. . 7 fr. 50

Télégraphie.

Traité de Télégraphie électrique. Cours théorique et pratique à l'usage des fonctionnaires de l'Administration des Lignes télégraphiques, des ingénieurs, constructeurs, inventeurs, employés des Chemins de fer, etc., etc , par E.-E. Blavier, inspecteur des Lignes télégraphiques. — 2 beaux volumes in-8° de 952 pages, avec 413 figures dans le texte (1867) (Publié à 20 fr.). — Prix. 10 fr.

Téléphonie.

Manuel pratique du Téléphone. 1re partie. — Installations privées. — Téléphone. — Microphone et Radiophone, par Théodore SCHWARTZE. — Troisième édition française, par S. FOURNIER et D. TOMMASI. — 1 volume in-16, avec 153 figures dans le texte. — Prix. . . . . 4 fr.

2me partie. — Traité de téléphonie. — Installations industrielles à grande distance, par le Dr V. WIETLISBACH. — 1 volume in-16, avec 123 figures dans le texte. — Prix . . . . 4 fr.

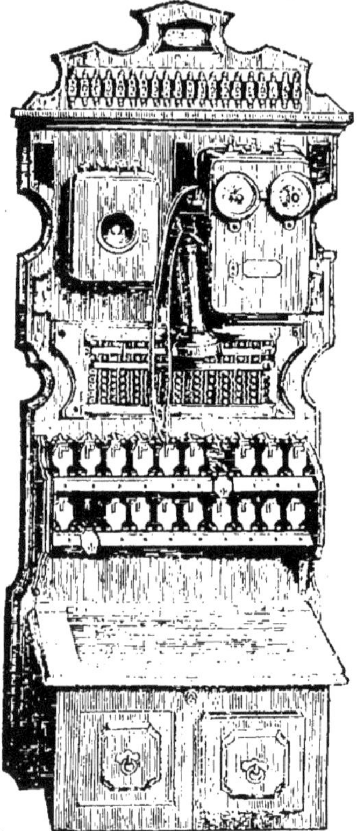

Spécimen des figures de la *Téléphonie Industrielle.*

Tourbe.

La Tourbe. Son extraction et son emploi comme combustible industriel, guide pratique de la fabrication des briquettes de tourbe et pour leur utilisation générale en métallurgie, en verrerie, en cristallerie et pour le chauffage au gaz, par M. LENCAUCHEZ. — 1 volume grand in-8°, avec atlas in-4° de 17 planches doubles. — Prix. . . . . 7 fr. 50

Transport de la force.

Le Transport de la force par l'Électricité, par Ed. JAPING, ingénieur-électricien. — Troisième édition française. — Annotée et augmentée de la description des plus récentes applications du Transport de la force, par M. Marcel DEPREZ, membre de l'Institut. — 1 volume in-16, avec 49 figures dans le texte. — Prix . . . . 5 fr.

EXTRAIT DE LA TABLE. — Introduction du transport de la force en général et en particulier du transport de la force par l'électricité. — Forces naturelles propres à être transmises par l'électricité. — Machines électriques pour la production du courant électro-moteur. — Théorie de la transformation du courant en travail. — Considérations théoriques concernant le rapport de la force à de grandes distances. — Emploi des machines électriques. — Les conducteurs électriques. — La propagation et la distribution du courant électrique. — Distribution du courant électrique. — Transformateurs et accumulateurs. — Procédé pour diminuer les pertes d'énergie. — Applications industrielles. — Rendement économique du Transport de la force par l'électricité. — Appendice. Nouvelles expériences du transport de la force.

Turbines.

Construction des Turbines et des Pompes centrifuges, par Lucien VALLET, ingénieur-constructeur. — 1 volume in-8° et atlas de 15 planches (1875). — Prix. . . . . **15** fr.

Vernis.

Manuel pratique du Fabricant de Vernis. Gommes. — Huiles. — Térébenthines. — Huiles siccatives. — Vernis gras. — Vernis à l'essence. — Vernis à l'alcool, par E. COFFIGNIER, 1 fort volume in-16, avec figures. — Prix . . . . **5** fr.

EXTRAIT DE LA TABLE DES MATIÈRES. — Matières premières. — Analyses des gommes. — Résinates et linoléates. — Les dissolvants. — Huiles végétales. — Les Térébenthines. — La gomme. — Les résineux. — Fabrication des huiles siccatives. — Diverses cuissons. — Fabrication des vernis gras. — Analyse et essai des vernis. — Différents vernis à l'essence. Leur mode de fabrication. — Fabrication des vernis à l'alcool. — Les principaux vernis à l'alcool. — Vernis mixtes. — Vernis au caoutchouc. — Vernis à l'eau.

Vinaigre.

Manuel pratique du Vinaigrier. Méthodes nouvelles de fabrication du vinaigre, par Ch. FRANCHE, ingénieur-chimiste. — Un beau volume in-16, nombreuses figures dans le texte (1901). — Prix . . **4** fr. **50**

EXTRAIT DE LA TABLE DES MATIÈRES. — Acide acétique. — Propriétés générales. — Origine chimique de l'acide acétique. — Fermentation acétique. — Choix des liquides pour la fabrication du vinaigre. — Différentes méthodes : Méthode d'Orléans, Méthode Pasteur, Méthode anglaise, Nouvelles Méthodes, etc. — Propriétés, traitement, conservation, emmagasinage. — Essai et analyse du vinaigre. — Falsifications.

Vins (Voir ARBRES FRUITIERS. VIGNE).

Manuel général des Vins (Nouvelle édition revue et corrigée), par Édouard ROBINET (d'Epernay).

Le manuel général des vins dont nous offrons une nouvelle édition au public est naturellement un livre indispensable, non seulement au public spécial, négociants en vins, viticulteurs, etc., mais encore à tous ceux qui possèdent une cave. Les connaissances spéciales, la longue expérience de l'auteur donnent au second volume une importance considérable, et nous ne craignons pas de dire qu'il n'est pas un seul fabricant de vins mousseux qui ne l'ait consulté avec fruit.

Le troisième volume forme un guide d'analyse des vins, mettant cette science si délicate à la portée de tous ; il complète la bibliothèque du négociant, du viticulteur et du simple particulier.

Trois beaux volumes in-16, de 1,366 pages et 136 figures. — Prix. . . **15** fr.

On vend séparément :

Tome Ier. — Vins rouges. — Vins blancs. — Vins artificiels. . . . . . **5** fr.
Tome II. — Vins mousseux. — Champagnes. . . . . **5** fr.
Tome III. — Analyse des Vins. — Fermentation. — Falsifications. . . . **5** fr.

DICTIONNAIRE

DE

CHIMIE INDUSTRIELLE

COMPRENANT TOUTES LES APPLICATIONS DE LA CHIMIE

à l'Industrie, à la Métallurgie, à l'Agriculture, à la Pharmacie et aux Arts et Métiers

avec la traduction russe, anglaise, allemande, espagnole et italienne de la plupart des termes techniques

PAR MM.

A.-M. VILLON
INGÉNIEUR-CHIMISTE
PROFESSEUR DE TECHNOLOGIE CHIMIQUE

P. GUICHARD
MEMBRE DE LA SOCIÉTÉ CHIMIQUE DE PARIS
ANCIEN PROFESSEUR DE CHIMIE
A LA SOCIÉTÉ INDUSTRIELLE D'AMIENS

AVEC LA COLLABORATION D'UN GROUPE DE CHIMISTES ET D'INGÉNIEURS

Le but de cette nouvelle Encyclopédie est de réunir, sous une forme facile à consulter, débarrassée de tous les détails théoriques, l'ensemble de nos connaissances actuelles sur la Chimie industrielle. — Elle s'adresse à toute personne appelée à s'occuper, de près ou de loin, des questions si importantes, mais souvent fort embarrassantes, de la chimie appliquée. L'industriel est souvent gêné, lorsqu'il veut se procurer les renseignements dont il a besoin. Les traités spéciaux ne donnent pas entière satisfaction aux nécessités si diverses des exploitations industrielles. Tantôt le document pratique cherché est noyé dans des détails trop théoriques, tantôt il est entouré d'explications plus ou moins claires, qui en rendent la lecture obscure et trop abstraite. — Le chimiste industriel est un expérimentateur. Il faut qu'il soit en état d'user à temps de tous les procédés connus, de toutes les méthodes de contrôle reconnues exactes, sauf à inventer lui-même de nouveaux moyens appropriés aux circonstances au milieu desquelles il se trouve placé.

Mode de publication :

L'ouvrage complet en 36 livraisons, forme 3 vol., petit in-4°.

L'ouvrage complet, au prix de 75 francs, est payable 37 fr. 50 comptant et 37 fr. 50 à trois mois.

Le Tome Ier (fascicules 1 à 12) se vend séparément 30 francs.

Le Tome II (fascicules 13 à 22) se vend séparément 25 francs.

Le tome III (fascicules 23 à 36) se vend séparément 25 francs.

Voir pages 29 et 30 un spécimen réduit d'une page de texte et la nomenclature des fascicules.

Les fascicules sont vendus séparément :

Fascicules 1 à 19, chaque fascicule, 3 francs.

Fascicules 20 à 36, — — 2 —

Dictionnaire de Chimie Industrielle (*Suite*)

Chaque fascicule se vend séparément

1 : *Abaca à Acide azotique ;* 46 figures. . . . . **3** fr.
2 : *Acide azotique — Acide phénique;* 62 figures. . . . . **3** —
3 : *Acide phosphoreux — Acide sulfurique;* 75 figures . . . . . . **3** —
4 : *Acide sulfurique — Air;* 44 figures . . . . **3** —
5 : *Air — Alliages;* 42 figures. **3** —
6 : *Alliages — Amphibole;* 54 figures . . . . **3** —
7 : *Amphigène — Auramine;* 17 figures. . . . . **3** —
8 : *Auramine — Bismuth;* 37 figures . . . . **3** —
9 : *Bismuth — Broggérite;* 27 figures. . . . . **3** —
10 : *Brome — Caoutchouc;* 48 figures. . . . . **3** —
11 : *Caoutchouc — Chlore;* 55 figures. . . . . **3** —
12 : *Chlore — Chromates;* 50 figures. . . . . **3** —
13 : *Chromates — Corps composés;* 26 figures . . . . **3** —
14 : *Corps composés — Dialyseurs;* 50 figures . . . . **3** —
15 : *Digestion — Eau;* 66 figures. . . . . **3** —
16 : *Eau — Engrais;* 23 figures. . . . . **3** —
17 : *Eponges — Explosifs;* 36 figures. . . . . **3** —
18 : *Farines — Fer, etc.;* 29 figures. . . . . **3** —
19 : *Fermentation — Fromages, etc.;* 54 figures. . . . . **3** —
20 : *Gaiac — Gaz d'éclairage ;* 28 figures. . . . . **2** —
21 : *Gaz — Glucose;* 12 figures . . . . **2** —
22 : *Glucose — Gypse ;* 13 figures. . . . . **2** —
23 : *Hallosyle — Hydrotimétrie ;* 14 figures . . . . **2** —
24 : *Hydrotimétrie— Jaune;* 7 figures . . . . **2** —
25 : *Jaune — Lin ;* 15 figures.. . . . . **2** —
26 : *Linoléum — Monazite ;* 15 figures. . . . . **2** —
27 : *Mordants — Or;* 25 figures. . . . . **2** —
28 : *Or — Pain;* 27 figures . . . . **2** —
29 : *Pain — Pétrole;* 21 figures. . . . . **2** —
30 : *Pétrole — Pommades;* 5 figures. . . . . **2** —
31 : *Poteries — Sang* . . . . **2** —
32 : *Santal — Soufre;* 17 figures . . . . **2** —
33 : *Soufre — Teinture;* 39 figures. . . . . **2** —
34 : *Teinture — Verrerie;* 37 figures . . . . **2** —
35 : *Verrerie — Zircon;* 20 figures. . . . . **2** —
36 : Complément : *Introduction* et *Frontispice*. . . . . **2** —

Spécimen réduit d'une page du DICTIONNAIRE DE CHIMIE INDUSTRIELLE

voie la masse dans un appareil à distiller et on chasse l'aldéhyde au moyen d'un courant de vapeur barbotante. Quelquefois, on rectifie encore l'aldéhyde ainsi purifiée.

L'aldéhyde benzoïque commerciale ne subit pas cette rectification, qui entraîne à des pertes sensibles.

Propriétés. — L'aldéhyde benzoïque est une huile incolore, très réfringente, possédant une odeur aromatique agréable, rappelant celle des amandes amères et une saveur âcre et brûlante. Elle bout à 180° ; sa densité est 1,0504. Elle est soluble dans 30 parties d'eau et miscible, en toutes proportions, avec l'alcool et l'éther.

L'aldéhyde benzoïque est employée en parfumerie et pour la fabrication des couleurs artificielles, comme le vert malachite, le vert brillant, etc

ALDÉHYDE FORMIQUE — [Russe : Муравейный альдегидъ ; Angl. : *Formaldehyd*, Allem. : *Ameisenaldehyd*, *Formaldehyd* ; Ital : *Aldeïdo formico* ; Esp. : *Aldehide formico*]

Syn *Formaldéhyde*, *Formol*, *Méthanol*

Formule : CH^2O

Ce corps, découvert par Hoffmann, a été plus spécialement étudié par M. Trillat qui a découvert ses propriétés antiseptiques énergiques.

Pour le préparer, M Trillat dirige un courant de vapeurs d'alcool méthylique, produites dans une chaudière A (fig. ci-dessous), dans un tube en cuivre B, dont l'ouverture G est conique. Ce jet de vapeur, faisant trompe, aspire l'air qui lui est nécessaire pour son oxydation. Le mélange de vapeurs alcooliques et d'air passe sur de l'amiante platinée E, chauffée au rouge L'oxyde de cuivre, les corps poreux, tels que

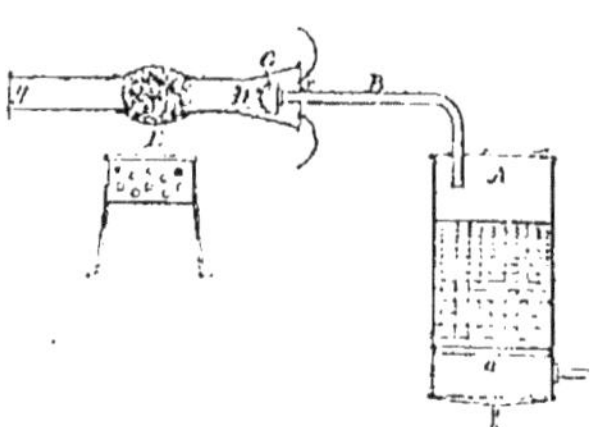

Fabrication de l'aldéhyde formique

le charbon des cornues, la porcelaine, le coke, peuvent remplacer l'amiante platinée. Les vapeurs, qui se dégagent, sont composées d'un mélange d'eau, d'alcool méthylique, de formol et de traces d'acide acétique et formique. On les condense dans de l'eau On purifie la solution aqueuse en l'évaporant pour chasser l'alcool méthylique et les acides ; on peut s'aider du vide. Pour obtenir le formol tout à fait pur, il faudrait passer par sa combinaison bisulfitique.

Le formol, à l'état de solution à 30 ou 40 0/0, est un liquide incolore, sirupeux, d'une odeur piquante. On ne peut l'obtenir plus concentré ; sans cela, il se changerait en trioxyméthylène, qui se déposerait en poudre amorphe.

Le formol n'est pas très volatil ; on peut concentrer ses solutions au bain-marie. Ses vapeurs ne sont pas inflammables.

C'est un antiseptique puissant, à la dose de 1/12000 ; il conserve le bouillon de veau, pendant plusieurs semaines, tandis que le même bouillon, additionné de 1/6000 de bichlorure de mercure, se décompose en 5 ou 6 jours A la dose de 1/1000, il tue les microbes salivaires en moins de 2 heures.

La viande immergée, pendant 3 minutes, dans une solution d'aldéhyde formique au 1/500, peut se conserver pendant 5 jours ; avec une immersion de 60 minutes, on peut la conserver pendant 25 jours Les vapeurs d'aldéhyde formique, dégagées d'une solution à 10 0/0, empêchent la corruption de la viande, en faisant agir ces vapeurs sous pression, la conservation est encore plus longue.

ALE. — V. BIÈRE.

ALEMBROTH — [Russe : Алемборотова соль ; Angl. : *Alembrot* ; All. *Weisheitssalz* ; Ital. : *Alembroth* ; Esp : *Alembroth*, *Sal alembrotti*].

Syn. : *Sel alembroth*, *Sel de sagesse*, *Sel de science*, *Chlorohydrargirate ammoniacal*.

Formule : $2AzH^4Cl^2, HgCl^2, H^2O$.

Sel obtenu en mélant deux solutions, l'une de sel ammoniac et l'autre de bichlorure de mercure, dans les proportions indiquées par la formule ci-dessus Il est employé en médecine à la place du sublimé.

Le sel d'alembroth insoluble s'obtient en ajoutant de l'ammoniaque à la solution du sel double ci-dessus. Le précipité, lavé et séché, porte les noms de *Lait mercuriel*, *Mercure précipité blanc*, *Mercure cosmétique*.

ALDOL. — [Russe : Альдолъ ; Angl. *Aldol* ; Allem. : *Aldol* ; Ital. : *Aldol* ; Esp. : *Aldol.*]

Formule : $C^4H^8O^2$.

Produit de condensation de l'aldéhyde. On le prépare en mélant, peu à peu, 100 g d'aldéhyde avec 100 g. d'eau, en maintenant la température à 0° C. Ensuite, on ajoute, peu à peu, 200 g. d'acide chlorhydrique refroidi et on abandonne le tout à la lumière diffuse, pendant 5 à 15 jours. Le produit brun est étendu d'eau et neutralisé par le carbonate de soude. On sépare une huile qui vient surnager au-dessus du liquide, on filtre celui-ci et on l'agite avec 12 0/0 de son volume d'éther, à cinq reprises différentes. On chasse l'éther par distillation et on distille le résidu sec en s'aidant du vide. Entre 80 et 100°, sous pression de 2 cm. de mercure, on recueille en l'aldol environ 1/4 du poids de l'aldéhyde mise en œuvre.

REVUE DE CHIMIE INDUSTRIELLE

REVUE

DES PRODUITS CHIMIQUES, COULEURS, TEINTURE, MÉTALLURGIE, DISTILLERIE, PYROTECHNIE ENGRAIS, COMESTIBLES, ANALYSES INDUSTRIELLES, ÉLECTROCHIMIE

Réunie avec la

Revue de Physique et de Chimie et de leurs applications industrielles

Fondée par **MM. SCHUTZENBERGER** et **LAUTH**

Rédacteur en chef : **M. FLEURENT**, Docteur ès-sciences
Professeur de chimie industrielle au Conservatoire national des Arts et Métiers

Les années 1890 à 1902 forment **13** *beaux vol. in-4°*

Prix de chaque vol. : **15** francs

PRIX DES ABONNEMENTS (du 1er Janvier de chaque année)

France. . . . . **12** fr. | Etranger. . . . . **15** fr.

Spécimen gratuit à toute personne qui en fait la demande

La faveur toujours croissante avec laquelle le public industriel et savant a accueilli cette publication nous prouve hautement son utilité.

Nous continuerons à tenir nos lecteurs au courant des découvertes, améliorations, méthodes et appareils nouveaux qui viennent chaque jour enrichir le domaine déjà si vaste de l'industrie chimique.

Notre revue reste une tribune ouverte à toutes les observations sérieuses qui peuvent intéresser le public industriel; en faisant appel au zèle et à la sympathie des savants, des ingénieurs et des industriels, nous espérons atteindre plus complètement le but que nous nous sommes proposé et faire œuvre vraiment utile au point de vue des intérêts de l'industrie chimique.

Sommaires de quelques numéros de la Revue

Note sur l'huile d'élaeococca, ses propriétés, ses emplois. — **Falsification des huiles comestibles.** Nouveau procédé du dosage de l'huile d'arachide dans les mélanges d'huile. — **L'essence grasse de térébenthine** au point de vue industriel. — **Les applications de la chimie industrielle à l'art militaire.** Torpilles aériennes. — **Fabrication du papier en Amérique.** Le traitement au sulfite. Procédé à la soude. Récupération de la soude. — **Teinture.** Emploi des teintes alizarines sur le cuir chromaté. — **Teinture des tissus.** — **Revue technologique française.** La liquéfaction de l'hydrogène et de l'hélium. Procédé nouveau pour la fabrication de la céruse. Blanchiment du coton en 4 heures. — **Revue technologique étrangère :** Action du sodium sur l'aldéhyde. Réduction du sulfate de zinc. Emploi de l'acide fluorhydrique pour le traitement des borates naturels. Le coton mercerisé comme succédané de la soie, etc. — **Brevets d'invention.**

Purification des eaux potables, par P. Guichard. — **Procédé de concentration de l'acide sulfurique.** — **Blanchiment par les corps suroxygénés.** II. Ozone. Fabrication de l'ozone par les procédés Berthelot et Villon, solubilité de l'ozone dans l'eau. — **Fabrication des savons de résine.** — **Les applications de la chimie industrielle à l'art militaire.** L'électricité comme force motrice des navires de guerre. La transformation du fulmicoton en poudre sans fumée. Les obus à dynamite. Les projectiles en aluminium. La toxpire. La détonation des explosifs brisants par les ondes du genre Hertz. Le laiton des cartouches américaines. — **La fermentation sans levure.** — **Revue technologique étrangère.** Méthode rapide pour la détermination du sel dans les graisses. La métallurgie du nickel, etc., etc. — **Brevets d'invention.**

BULLETIN DE SOUSCRIPTION

Veuillez m'envoyer les ouvrages indiqués ci-dessous :

....

....

....

Ci inclus, pour solde, un mandat postal de

....

Nom ....

Qualité ....

Rue ....

Ville ....

SIGNATURE LISIBLE :

Avis important. — Tous les ouvrages sont expédiés *franco* lorsque le montant est joint à la demande; dans le cas contraire, l'envoi est fait contre remboursement aux frais du destinataire.

12-02 4344. — Paris, Typ. Mornis Père et Fils, rue Amelot, 64.

Paris. — Imp. Louis Lambert, 11, rue Molière.

www.ingramcontent.com/pod-product-compliance
Ingram Content Group UK Ltd.
Pitfield, Milton Keynes, MK11 3LW, UK
UKHW020143220726
13923UKWH00001B/349